丘庭傑　著

情感與理性之間
五四啟蒙個案的跨文化省思

丘庭傑　著

情感與理性之間
五四啟蒙個案的跨文化省思

商務印書館

責任編輯	毛宇軒
裝幀設計	麥梓淇
排　　版	肖　霞
責任校對	趙會明
印　　務	龍寶祺

情感與理性之間 —— 五四啟蒙個案的跨文化省思

作　　者	丘庭傑
出　　版	商務印書館（香港）有限公司
	香港筲箕灣耀興道 3 號東滙廣場 8 樓
	http://www.commercialpress.com.hk
發　　行	香港聯合書刊物流有限公司
	香港新界荃灣德士古道 220-248 號荃灣工業中心 16 樓
印　　刷	美雅印刷製本有限公司
	九龍觀塘榮業街 6 號海濱工業大廈 4 樓 A 室
版　　次	2023 年 6 月第 1 版第 1 次印刷
	© 2023 商務印書館（香港）有限公司
	ISBN 978 962 07 5959 8
	Printed in China

「睿創學術系列」出版緣起

　　2021 年，香港商務印書館「啟路求新」，以「大教育」為定位，聚焦於語言學習、人文社科、藝術歷史三大出版領域，展示學術成果，並在此背景下提出「睿創學術系列」Sapientia Academic Series 出版計劃。這一計劃的宗旨為：

　　一、匯聚創新性研究，協助香港青年學者成長。系列涉及人文、社科、歷史等各前沿領域，將有創見與出版價值的博士學位論文改寫成專著形式。博士論文是博士畢業生進入學術殿堂的起點，也是其學術進步的重要支點。我們相信，這一計劃能夠激勵青年學者從事創新性研究，推動本地學術水平提高。

　　二、支持學術成果轉移。「深耕香港，注重原創」一直是香港商務印書館堅守的出版使命。本館與專家顧問合作，挑選能體現某個領域最新成果的論文，改編為便於閱讀的學術專著，以便普及學術，引領學術出版風尚。

　　三、為香港學術研究成果提供傳播渠道。透過紙本與電子書出版，經由各種發行渠道，本館期望能夠將香港高校在人文社科等領域的最新研究成果帶進其他地區的大學圖書館和學術機構，積極爭取實現與其他地區的版權合作，為推動香港發展成為中外文化藝術交流中心而努力。

序一

彭小妍

中央研究院中國文哲所研究員

有幸與庭傑結識是 2018 年 1 月至 6 月，我擔任中文大學中文系訪問教授之際。當時我在撰寫《唯情與理性的辯證：五四的反啟蒙》[1] 書稿，教授的課程之一就是配合書稿的內容和思考方向的研究。庭傑正就讀博士班二年級，選修了這門課，期末報告討論魯迅早期留學日本時發表的五篇文章。這篇報告與大學教授的論文水準不分軒輊，我給了全班最高分，鼓勵他修改後投稿學術期刊。2020 年 3 月這篇文章發表於台灣頂級刊物《漢學研究》上，題為〈魯迅早期論文中的情感與理性〉。此文後來發展成庭傑的博士論文，如今修改成專書出版，成為其學術生涯第一本專書第一章的雛形。庭傑新書出版在即，囑我作序，我恭敬不如從命，深感與有榮焉。

庭傑第一章討論的魯迅早期文章，乃 1907 至 1908 年發表於《河南》月刊的幾篇。《河南》是東京中華同盟會河南分會的機關刊物，1907 年創刊後，由流亡日本的劉師培擔任主編。劉氏在日本受到幸德秋水（1871—1911）感召，成為無政府主義者。當時的日本除了各種革命思潮風起雲湧，福澤諭吉（1835—1901）前導的啟蒙思潮大行其道，中江兆民

1　彭小妍：《唯情與理性的辯證：五四的反啟蒙》（新北：聯經出版公司，2019 年）。

（1847—1901，被譽為東方的盧梭）以降的反啟蒙論述也瀰漫學界。西方現代文明標榜的民主、科學，看似普世價值，但無盡的物質追求帶來心靈的空虛，已經在歐美及日本掀起檢討聲浪。東方傳統智慧或能重新修補心靈的空虛，日本學界遂發起東洋倫理復興運動，儒釋道學說和來自歐洲的人生觀論述匯聚，啟發了無數討論和著述。魯迅在日本成為章太炎的入門弟子，師徒兩人憂國憂民，在日本學界這種氛圍下，不免為文參與啟蒙理性與情感的辯證。五四時期蓬勃的相關論述，早已在此時撒下種子。庭傑從晚清起探討啟蒙與反啟蒙課題，實有必要。如同王德威的名言：沒有晚清，何來五四？晚清到民國看似專制與民主的斷裂，其間的連續性，更值得反覆探索。最早討論章太炎及魯迅日本時期反啟蒙思想的，是林少陽的《鼎革以文：清季革命與章太炎「復古」的新文化運動》（上海人民出版社，2018）。我修改《唯情與理性的辯證：五四的反啟蒙》為英文版（港大出版社 2023 即將出版）時，從善如流，決定把魯迅放在導言中，作為全書反啟蒙論述的楔子。與庭傑學術結緣，所謂教學相長，良有以也。

　　魯迅在日本期間發表的文章闡述佛教有情觀，點出「情」是中國古代文明智慧的精髓，繼而聯結到歐洲浪漫主義的民胞物與情愫及革命意識。他以自然流露情意的「心聲」，批判標榜西方科學理性至上的「惡聲」，以心靈的光輝（內曜）對比外在的物質機械追求。對魯迅而言，情是天地人合一，有情萬物共生之道；無論非生物的「物性」（物質性）或有生物的

「生理」(生物性)，均與外在環境 (外緣) 聯動共生，而惟獨人能以文字語言抒發心聲。情並非純粹主體所能發生，乃因外緣而萌動，沒有外緣則無情動；情是心與外緣聯動共生的關鍵。王陽明主張「心即是理」，程伊川宣稱「宇宙即吾心，吾心即宇宙」。魯迅對「心」的強調，上承孔孟心學，下接五四時期張東蓀《創化論》以「心」字翻譯柏格森的 consciousness (法文 conscience)，道盡中國學術傳統對「心」的獨特詮釋：情與理均由「心」生，「心」結合了情感能力與道德判斷、理性判斷能力。孟子認為「惻隱之心，羞惡之心，辭讓之心，是非之心」，是仁義禮智之四端。這就是為何人們會以英文 Heart-Mind philosophy 來翻譯「心學」。

五四科學與人生觀論戰期間，人生觀派發展出唯情論，以本體論批判康德的認識論。康德將哲學視為可用科學方法分析的認識論，認為本體 (noumenon) 無法用科學證成，故不可知。相對的，唯情論則認為科學有其專攻，但不能認證形上概念，形上概念只能由本體論探索。對唯情論而言，情即是宇宙人生本體，認為神並非超越世間，宇宙萬物即是神，因而有朱謙之的泛神論。也就是説，形而上存在於形而下之中。李澤厚 2011 年起發表的「情本體」談話，雖未提及人生觀派，但指出情本體就是「一種人生態度」，「一種宗教情懷」(《唯情與理性的辯證：五四的反啟蒙》頁 34，註 29)，其受五四人生觀論述的啟發昭然若揭。五四發展的唯情論與當代哲學息息相關，只是今人因種種因素，選擇性地將其抹殺或遺忘了。對余英時與杜維明而言，傳統儒家哲學的特色就是「內在超

越」，有別於西方主流哲學的「外在超越」（《唯情與理性的辯證：五四的反啟蒙》頁 155，註 72）。西方哲學中，十七世紀斯賓諾莎挑戰主流哲學的外在超越觀，認為並非神創造萬物，而是自然萬物証成惟一真神的存在，自然萬物即是神。現今舉世風行的德勒茲哲學，就是繼承了斯賓諾莎的內在超越觀。德勒茲從斯賓諾莎哲學發展出來的「情動力」（affect），指出情動力結合了主觀與客觀；斯賓諾莎的名言「相互感應」或「一感一應」（to affect or to be affected），道盡主客體的聯動性與互聯共振。（《唯情與理性的辯證：五四的反啟蒙》頁 20—21、240）

大多五四評家將人生觀派與科學派截然劃分，忽略了許多科學派人士對情理合一的關注。庭傑獨排眾議，在新書中以兩章討論科學派的大將陳獨秀，指出 1919 年末起他對宗教問題的折衷看法：由於社會需要宗教，反對無益，只能提倡去除迷信的「新宗教」。1920 年陳雖批判梁漱溟的東西文化分歧說，但也同意知識不能脫離情感。他主張新文化運動必須注意美術、音樂和宗教對人生的重要，認為美的情感和宗教情感是「超理性」的。他區分自然情感與倫理，指出不可否認美的、宗教的「純情感」。無庸置疑，人生觀運動與美育運動的合流對五四一代及後人的影響，遍及知識界、文學界、藝術界及思想界，這方面還有許多討論的空間，庭傑的持續努力將有助於開拓跨文化研究。無論中西，學科的嚴格劃分是現代教育興起之後的事，如同方東美在《科學哲學與人生》中指出，科學中有哲學，哲學中也有科學（《唯情與理性的辯

證：五四的反啟蒙》頁 311），我們可以進一步說，文學中也不乏科學、哲學、藝術的蹤跡，甚至包羅萬象。方東美徜徉科哲文藝、出入自如，打通中西，貫穿古今，就是最佳的跨文化研究展現。自古以來文史哲不分家的說法，值得跨文化研究思考借鑑。高教所謂「本科」的專業概念縱然不可偏廢，在研究方法上超越本科，才可能觸類旁通，對我們的歷史和世界的形成，才可能有更深入完整的理解。

庭傑的新書有三章探討蔡元培，挖掘了許多原本乏人問津的原始資料，是近十年才有學者關注的。例如 1900、1910 年代，蔡氏接觸到轉譯自歐洲哲學思想的日文翻譯作品，包括井上圓了的《妖怪學講義錄》、科培爾的《哲學要領》、泡爾生的《倫理學原理》等。這些都是五四科玄論戰及美育思想萌發自晚清的線索，如庭傑引用蔡元培譯自井上的「真怪」論：「物者有物之現象與本體，心者有心之現象與本體，達物之本體則可謂真怪，達心之本體亦是真怪也」。這段引文點出本體的心物合一，正是五四唯情論主張的本體論重點。庭傑指出，對井上而言，真怪「在人智之上、道理以外」。人的智力有限，無法理解真怪無限之本體，要理解本體，「只能通過內界之靈光、良心和外界之太陽、美」。亦即，只有心靈的光輝和自然萬物的美善，才能體現宇宙本體的無限。透過庭傑此處的闡發，人生觀派的本體論與康德認識論的對話，更加清晰。

五四研究已超過一甲子，幾近百年的歷史，如墨守成規，僅反覆爬梳人人熟悉的材料，必然無法超出前人成就。

庭傑勇於挑戰主流論述，開拓新領域，此新書刺激我在相關議題上進一步思考，惠我良多，僅為此序聊表敬意。以此專書踏出學術生涯的第一大步，庭傑的未來無可限量，值得學界期待。

序二

何杏楓

香港中文大學中國語言及文學系教授

認識庭傑是 2013 年秋天的事，他是中文系「現代小說」課的學生，這是文件裏的資料。我對他的印象，主要來自他在一個導修課上的討論。那是個位於山上的教室，窗外是午後的陽光。他坐在近門的位置，表達清晰扼要，回應提問切題且具邏輯性，令我印象非常深刻。多年後跟庭傑談起，才知道那堂課是 2014 年春天的「現代戲劇」課，他是個旁聽生。會在導修課前閱讀劇本、並主動參與討論的旁聽生，我在二十多年的教學生涯就只遇到這一個。

庭傑在同年秋天升讀哲學碩士，我忝為論文導師，跟他開展了有關魯迅的討論。魯迅是貫串了庭傑學術研究的靈魂人物，從本科論文〈自我放逐於古代 —— 論魯迅《故事新編》的晚期風格〉到碩士論文〈論魯迅及張天翼小說中的笑聲〉，再到博士論文〈二十世紀初中國文化中的「情感」與「理性」：以魯迅、陳獨秀、蔡元培為個案〉，魯迅一直位於其研究的核心。

庭傑所關注的，是作為知識份子的魯迅如何引入在其當下時空以外的文化資源，以轉化其所身處的文學圖景。這些文化資源包括了古代神話、域外文學，以至情感理論。這種把作品回置於世界文學版圖和文化脈絡的眼光，是庭傑的

學術研究最可貴之處。他的研究超越了文學的層面，關注到不同學科之間的互動，是對十九至二十世紀知識流動的一種瞰察。

認識庭傑的人，都會感受到他對個案、資料和格式的熱情。他對個別作家生活行藏的重視堪比偵探查案，追蹤資料抽絲剝繭不遺餘力，最可怕的是對書目格式「一眼關七」幾乎近於強迫症。然而，凡此種種加之上述的世界視野，就形成了庭傑在宏觀與微觀之間的焦距移動，照見了超越個體、群像、地域、文化、語言、學科以至信念的學術點與線。庭傑對相關發現的敍述，鮮見魯迅的深鬱頓挫，反而近於張天翼的明快敏銳。

本書題為「情感與理性之間：五四啟蒙個案的跨文化省思」，顧名思義是以跨文化研究的方法，考察魯迅、陳獨秀與蔡元培三個五四個案。題目中的「情感與理性」，是理解東西文化的一組重要觀念，對五四文人有過深刻影響。在「情感和理性」之後加上「之間」兩字，突出了情感和理性並不截然二分，兩者的關係可以是辯證、互補、共存的。這種關係的多樣性和開放性，可以見諸魯迅、陳獨秀、蔡元培三位文人的具體個案。在「個案」前加上「五四啟蒙」這個定語，則說明暸本書關注的時段為五四時期。

本書所討論的中國作家材料主要屬 1900—1925 前後，但我們未宜把其概括為一個二十世紀初的中國現代文學研究，因「五四一代」既受十九世紀末的域外思潮影響，時序

上便可上推至清末民初。然而，本書所提供的思考方向，與其說是「沒有晚清，何來五四」，不如說是「沒有域外，何來五四」。本書的核心關懷，基本上是世界文化版圖中的中國現代文學，特別是十九世紀末域外思潮在二十世紀初對東亞（中日）的投影。

題目中的「省思」，指向本書的學術發現──魯迅、陳獨秀、蔡元培三人的個案，展現了五四啟蒙並非只有科學理性啟蒙的一面，同時亦有反啟蒙的一面。反啟蒙思潮從西方進入東亞，形成了五四文人在理性和情感之間的擺盪。本書的學術價值，一方面在其重新詮釋魯迅、陳獨秀和蔡元培三人對情感和理性的接受和轉化，勾勒出一個有關啟蒙思辯乃至五四思想主體生成的新圖景；另一方面亦在其對三人個別的思想嬗變歷程提出了新的觀點，回應了學界現存的研究。

「跨文化」是本書題目中最值得討論的關鍵詞。「跨文化」和「跨學科」的文學研究，最常引起的疑問，就是文學到底在哪裏。當我們說一種研究方法「跨越」或「涉及」不同的文化和學科，我們本身關注的文化和學科，便必然會成為一個大圖景中的一部分。相比於微觀的文本細讀，這類研究許多時候更近於一種思想史的研究。然而，跨學科的研究方法並不等同於史學的研究。因為相關的考察涉及各種哲學以至科學的辯證，要求研究者具備史學以外的多樣學科訓練。本書在研究方法上的重要性，正正在其展示了一種跨越文學、哲學、美育、思想史、翻譯、科學和宗教等學科的研究方法。這個

跨學科的討論，同時涉及跨文化和跨語際的面向，當中涉及的語言和文化脈絡包括了中、日、德、英、法。

在討論魯迅的部分，本書重讀魯迅留日時期論文和二十年代作品中的域外思想連結，嘗試解釋魯迅在科玄論戰中的「沉默」立場，深具啟發。在陳獨秀部分，本書整理了法國哲學家孔特的實證主義思想和人道教思想，藉以照明陳獨秀的宗教觀念，並討論他對海克爾學說之譯介，補充了陳獨秀研究中鮮有論及的議題。蔡元培章節以蔡氏的學習史為中心，藉其翻譯探討「美育代宗教」的思想來源。書中比對了德、日書籍與蔡氏中譯日本佛學家井上圓了、德國哲學家科培爾和泡爾生的部分，在研究材料和論述上均有發現。

庭傑和我因一個有關魯迅和張天翼的研究結緣，魯迅和張天翼亦師亦友的關係，亦預示了現實人生中庭傑和我的相處。在 2015 至 2017 年間，庭傑先後為我的「文學概論」、「張愛玲專題」和「現代小說」課擔任助教，並協助我的教學和研究工作。他在取得博士學位後曾在其他院校兼課，2020 年回到香港中文大學任職講師，一直是我研究團隊中不可或缺的人員。

三年前我開始在中文系的教研之外，同時兼任文學院雅禮中國語文研習所的行政工作，下學年將再加上中國研究中心的行政事務。可以在這樣一個「水深火熱」的情況下不停催我稿的人，大概只有庭傑一個。我大一時候曾是哲學系的主修生，後來雖然轉修文學，但對哲學的興趣不減。唸研究院

時為了讀沙特，特別修了四年法文，可惜程度是連讀沙特劇
本也要輔以譯本。庭傑的研究枝繁葉茂，有關文哲互動的論
述讀來充滿知性趣味，每每令人樂而忘返。他的研究青出於
藍，實在令我深感光榮。

目　錄
CONTENTS

導　言

　　中國近代的啟蒙運動是全球現代化轉型中的一環，既有參照歐洲啟蒙運動（the Enlightenment）的部分，也有重大的文明衝突與時空差異，構成了獨特的進程。放眼西方思想史，十七世紀伴隨科學革命與啟蒙運動出現的是反啟蒙（Counter-Enlightenment）思潮。它針對理性主義提出質疑，認為人類生活除了理性之外，不得忽視情感的部分。反啟蒙並非反對啟蒙，而是通過非理性的思考，對於以科學理性為核心的理性啟蒙作出反省，從而對現代化路徑作出修正。許多中外知識分子都藉情感與理性這一組概念思考世界觀和人生觀問題，並用以回應社會現實。因此，透過這組概念的辯證，我們首先可以觀察到許多近代中外知識分子的見解，繼而注意他們相互之間的思想交集、聯結與對照，並在跨文化視域下重新理解中國啟蒙歷程是如何在與世界對話之中發出異彩。

　　從西方啟蒙運動到五四啟蒙，思想文化互相聯結，情感與理性的辯證是其中的一組重要觀念，近年由彭小妍在《唯情與理性的辯證：五四的反啟蒙》中提出。[1] 本書承接此話題，觀察魯迅（1881—1936）、陳獨秀（1879—1942）、蔡元培（1868—1940）的閱讀、翻譯與寫作歷程，以跨文化角度重

1　彭小妍：《唯情與理性的辯證：五四的反啟蒙》（新北：聯經出版公司，2019年）。據知英文版有作增補修訂，即將出版。Peng Hsiao-yen, *Modern Chinese Counter-Enlightenment: Affect, Reason, and the Transcultural Lexicon* (Hong Kong: Hong Kong University Press, 2023).

新審視他們的思想嬗變，聚焦他們對外來思潮之接受、選擇與重構，從而揭示西方思想與中國知識分子的聯結，補充對五四思想主體生成的理解。

情理之爭與啟蒙事業

五四時代的複雜之處，如余英時（1930—2021）所說，在於它由很多變動的心靈社羣（community of mind）所構成，充滿「多重面相的」（multidimensional）與「多重方向的」（multidirectional）矛盾，是一個「文化矛盾的年代」。[2] 張灝（1937—2022）在〈重訪五四：論五四思想的兩歧性〉（1999）同樣指出這段時期社會充斥各種「兩歧性」：理性主義與浪漫主義、懷疑精神與「新宗教」、個人主義與羣體意識、民族主義與世界主義等。[3] 這些矛盾與兩歧性，很大程度上是來自於晚清中國西方現代思想的流入。尤其是 1895 年至 1925 年間，張灝稱之為「近代中國的轉型時期」（the transitional era of modern China）。這段時期的知識分子自覺地置身在西方衝擊下形成的新社會形勢之中，無法或不願意再回到以儒家為主導的傳統政治與倫理體系之中。不同的思想和政治力量消長更迭，中國社會充滿變動性，處於一種過渡的，不穩

2　余英時：〈文藝復興乎？啟蒙運動乎？——一個史學家對五四運動的反思〉（1998 英文初稿，1999 中譯），載余英時等著：《五四新論：既非文藝復興‧亦非啟蒙運動》（新北：聯經出版公司，1999 年），頁 1—32。

3　張灝：〈重訪五四：論五四思想的兩歧性〉，載《五四新論：既非文藝復興‧亦非啟蒙運動》，頁 33—65。

定的狀態，是「傳統形態與現代形態的混合體」。[4] 王汎森近年以「模糊階段」(confused period) 來形容廣義五四時段的變動，以強調其不穩定性。[5] 有別於過渡 (transition) 或轉型 (transformation)，「模糊階段」是一個新舊標準、事物混在一起，曖昧不明、軌跡不定的階段，所有事物和發展都僅有一個大致的方向，但確切內容是不定的，在摸索之中前進。

　　在這些充滿矛盾，方向未明的時段，啟蒙事業應由宗教輔助，還是讓科學主導？生活應該講求邏輯與理性，還是相信直覺與情感？關於這些問題不但眾說紛紜，而且討論者亦時常轉變立場。以宗教為例，1900 年前後大批文人在宗教裏尋找救國之道，宗教也被看成為國家進化的指標。[6] 後來，宗教卻被視為啟蒙事業的絆腳石，人們先是倡議以科學或以美育取代之，其後隨着基督教會被視為帝國主義的象徵，宗教又在非基督教運動中受到批判。同期的科玄論戰 (1923 年—1924 年) 同樣標誌了不同觀念的交鋒。[7] 正是在這樣混亂但自由的氣氛下，知識分子透過不同的思想網絡理解世界，想像

4　張灝：〈再認戊戌維新的歷史意義〉，《二十一世紀》，總第 45 期 (1998 年 2 月號)，頁 15—23。

5　王汎森：〈探索五四歷史的兩條線索〉，《二十一世紀》，總第 172 期 (2019 年 4 月號)，頁 18—31。

6　梁啟超〈復友人論保教書〉將有宗教、半有宗教、無宗教之國對應為已開化、半開化、未開化之國。宋恕 (1862—1910)《六字課齋津談》則説：「無教者，禽獸之世界也。」見葛兆光：〈孔教、佛教抑或耶教？──1990 年前後中國的心理危機與宗教興趣〉，載王汎森等著：《中國近化思想史的轉型時代》(新北：聯經出版公司，2007 年)，頁 201—240。

7　可參考劉長林：〈科玄論戰：中國早期的一次現代性與後現代性論爭〉，《二十一世紀》網絡版，總第 16 期 (2003 年 7 月)，https://www.cuhk.edu.hk/ics/21c/media/online/0306082.pdf

未來。本書集中處理的，是關於啟蒙與反啟蒙思潮如何在這段時間裏進入知識分子的視野，使他們對於理性與情感有了新的想像，而他們又如何從中作出判斷和選擇，回應這場重要的人類文明對話。

反啟蒙思潮與非理性思想

反啟蒙思潮是西方針對理性啟蒙主義之興起的回應。最初把反啟蒙作為思潮來研究的是以賽亞・柏林（Isaiah Berlin, 1909-1997）。在他看來，反啟蒙思潮跟啟蒙思潮幾乎是同時出現的。[8] 柏林指出，啟蒙運動承繼了科學革命的成果，以笛卡兒（René Descartes, 1596-1650）、牛頓（Isaac Newton, 1643-1727）等人奠定的科學方法為基礎，將自然科學的方法以及理性精神應用於人類世界，而維柯（Giambattista Vico, 1668-1744）則為察覺此啟蒙思潮中知識一元論之缺陷的先驅。及後的哈曼（Johann Georg Hamann, 1730-1788）、赫爾（Johann Herder, 1744-1803）、盧梭（Jean-Jacques Rousseau, 1712-1778）、謝林（Friedrich Schelling, 1775-1854）、施蒂納（Max Stirner, 1806-1856）、尼采（Friedrich Nietzsche, 1844-1900）、齊克果（Søren Kierkegaard, 1813-1855）、德・邁斯特（Joseph de Maistre, 1753-1821）等人的思想組成了一個龐雜的

---

8   Isaiah Berlin, "The Counter-Enlightenment," *Against the Current: Essays in the History of Ideas* (London: Hogarth Press, 1979), 1-24.

反啟蒙思想體系。[9] 反啟蒙思潮是一場跨國家與世代的運動，其核心人物各持不同立場，極具多樣性，卻有共同的敵人，即科學主義和理性啟蒙主義。[10] 當代政治及歷史學者安東尼・帕戈登（Anthony Pagden, 1945- ）在 *The Enlightenment: And Why It Still Matters* (2013) 指出，將啟蒙運動理解為理性獨尊和無視情感的看法雖然至今仍然常見，卻是錯誤的，情感始終在這場運動中擔當着重要的角色。[11] 反啟蒙思潮對於情感與理性的話題有多樣的理解，其中對理性作出質疑或反思的部分，都可以歸入非理性思想。

　　非理性並不是不理性或沒有理性，而是對於唯理性的逆反。它從情、志等面向思考和補充理性之不足，但並非完全否定理性的功能和價值。龔鵬程〈理性與非理性 —— 論近代知識分子的理性精神〉(1990) 早已注意到中國近代思想發展的理性主義與西方的啟蒙運動有別。龔氏以嚴復（1854—1921）、胡適（1891—1962）為例，提出嚴復相信科學與理性有其限度，認為不合科學公例者不必然等同於虛妄的觀點，較能貼近西方的理性精神。而胡適及其後來者的闡釋由存疑論轉向懷疑論的觀點，構成膨脹的理性精神，使五四以降

9　　Isaiah Berlin, "The Divorce between the Sciences and the Humanities," "Vico and the Ideal of the Enlightenment," "Hume and the Sources of German Anti-Rationalism," *Against the Current: Essays in the History of Ideas*, 80–110, 111–119, 120–129, 162–187.

10　葉浩：《以撒・柏林》（新北：聯經出版公司，2018 年），第五章「反啟蒙運動的日耳曼交響曲」，頁 95—112。

11　Anthony Pagden, *The Enlightenment: And Why It Still Matters* (Oxford: Oxford University Press, 2013), xii.

的科學與理性主義走向全然打倒宗教與傳說的方向。[12] 此論針對中國五四科學思想而發，無疑切中肯綮。文章寫於九十年代初，其時人生觀派和唯情論之研究尚未開展，難怪文末批評中國知識分子漠視西方對理性主義有所反省的一支。其實，五四知識分子也有注意到膨脹的理性精神的危機，未敢漠視西方非理性一支。且受觀注的領域涵蓋範圍廣泛，包括唯情論、意志論、人生哲學、無意識、直覺論、神祕主義等。

本書使用「反啟蒙」一詞，一方面指涉柏林的反啟蒙，以及中文學界彭小妍提出的歐亞反啟蒙與唯情思潮，[13] 另一方面也指涉黃克武在研究宗教、迷信及科學時提出的反五四啟蒙脈絡。[14] 黃克武將二十世紀中國思想界對宗教、迷信與科學的看法區分為兩條思路：胡適、陳獨秀、魯迅、陳大齊（1886—1983）等人的五四啟蒙論述，主張科學與宗教、迷信二分；梁啟超（1873—1929）、嚴復與科玄論戰中玄學派等人的反五四啟蒙論述，認為科學有貢獻但亦有限度，宗教有其價值。兩種脈絡雖立足點不同，但在知識論上亦有共通點，即對科學理性至上的質疑，在傳播時形成了一種複雜且特殊的跨文化現象。換言之，在中文學界討論反啟蒙，範圍不必限於柏林等西方學人提及的反啟蒙知識分子及其思想在東亞的

12　龔鵬程：〈理性與非理性──論近代知識分子的理性精神〉，《近代思想史散論》（台北：東大圖書，1991 年），頁 61—99。

13　彭小妍：《唯情與理性的辯證：五四的反啟蒙》，頁 51—108，189—224。

14　黃克武：〈迷信觀念的起源與演變：五四科學觀的再反省〉，《東亞觀念史集刊》，第 9 期（2015 年 12 月），頁 153—226。

傳播與流變，也可以包括面對理性啟蒙而在地生成的反啟蒙論述。

情感與理性

　　情感與理性屬於人類心靈意識的兩種面向，在中外都具有久遠的歷史。詞義多有變化。近代哲學界對心靈意識範疇的分類，一般有兩種方法：二分法將心靈意識分為「認知活動」與「意向活動」。認知活動之下分為「感知」（感性認識）與「思維」（理性認識），意向活動則分為「情感」與「意志」（康德所説的「實踐理性」）。另一種分類方法是三分法，將意向活動中的「情感」與「意志」分開，與「理知」（認知活動）並排。[15] 本書採用二分法，主要是依研究材料而決定，也參考學界較為常用的分法。題目的「情感」也可以稱為「情」、「情志」甚至「唯情」，[16] 可對應近代中國日漸成形的「非理性」面向。

　　今日的二分法，主要是由西方哲學發展而成，而中國傳

15　黃玉順：《超越知識與價值的緊張：「科學與玄學論戰」的哲學問題》（成都：四川人民出版社，2002 年），頁 18—26。知、情、意的三分架構，是近代在康德前後逐漸確立形成的。方用：《20 世紀中國哲學建構中的「情」問題研究》（上海：上海人民出版社，2011 年），頁 2—4。

16　學界也採用相似的分類方法，例如方用《20 世紀中國哲學建構中的「情」問題研究》用「情」「理」二分法，彭小妍《唯情與理性的辯證：五四的反啟蒙》用「唯情／情感」「理性」二分法。彭氏用「唯情」一詞，英文對譯的是 "affect"，行文上與「情感」「情動力」互換。本書在具體章節，如需要仔細區分情感（狹義）和意志的話，例如闡析魯迅〈文化偏至論〉的唯意志論、泡爾生《倫理學原理》的情志論、解釋康德哲學概念等，才作分開論述。

統哲學對情理問題的思考模態與西方有別。[17] 以儒學為考慮的話，它是理性主義還是非理性主義，不同學派有不同看法，但都尋求情感與理性的統一，而不是主張兩者對立。[18] 這形成了近代知識分子在讀西洋書籍時對情理問題嶄新的切入角度 —— 這裏說的嶄新，不是指他們全然拋棄中國原有的一套而接受西方的價值分類，而是說他們獲得了另一種維度去協助思考情理問題。部分知識分子如梁漱溟（1893—1988）、方東美（1899—1977）等更是嘗試匯合中國傳統哲學與西方哲學、科學來回應。

在西方，從古希臘開始，哲學家大都注重理性思辨。從蘇格拉底的名言「知識就是德行」，[19] 到柏拉圖在《理想國》中區分感官世界和理型世界，均可見類似的論述。柏拉圖認為感性能力受現象變幻所影響，提出只有理性思辨能力才能開示真理。從此以後，古希臘逐漸形成重理性而輕感性的價值區分，奠定了西方主流哲學的思維模式。中世紀神學時代過後，笛卡兒、斯賓諾莎（Baruch Spinoza, 1632—1677）等歐陸哲學家注重理性，認為依憑理智和推論可以獲得一些先驗知

17　中國傳統哲學認為「理性」可體現於心之「思」，包含「理」與「情」的二重涵義，兼及認知與評價兩方面。至於「情」則主要是相對「性」（道德層面）來開展，如王弼「性其情」、程朱「心者性情之主」等，與西方首先與「認知」相聯的方式不同。楊國榮：〈中國哲學中的理性觀念〉，《文史哲》，總第 341 期（2014 年第 2 期），頁 31—37，164。方用：《20 世紀中國哲學建構中的「情」問題研究》，頁 4—5。

18　蒙培元：《情感與理性》（北京：中國社會科學出版社，2002 年），頁 2，18—19。

19　Plato, "Meno," in *The Collected Dialogues of Plato, Including the Letters*, ed. Edith Hamilton and Huntington Cairns, trans. Lane Cooper (Princeton: Princeton University Press, 1961), 353−384.

識及真理。昔日以「理性主義學派」去統稱他們，但其實各人學說也有差異，不是絕對統一。像笛卡兒就同意只有部分數學和科學的真理可以單憑推理獲得，其他知識仍需要其他方法輔助而得到，而他提出的心物問題（mind-body problem）也未有界定情感屬於心還是物。又如斯賓諾莎的心物平行律、自然即神等概念，顯然可歸為理性主義，但又直接影響了後世對情感的理解。包括後來提出情動理論的德勒茲（Gilles Deleuze, 1925-1995）與瓜塔里（Félix Guattari, 1930-1992）都很難簡單以理性或情感來劃分他們的學說。除此之外，亦有康德（Immanuel Kant, 1724-1804）綜合理性主義和經驗主義，其「三大批判」分別探討知、意、情三者，尤其對於理性的認識能力和實踐能力作出了根本性的探究。可見，理性主義與經驗主義，理性與情感這樣的明確二分，只是有時為了方便論述而採用，其中的聯繫以及辯證還是需要具體討論。

同期另一些哲學家則關注到情感的問題。大衛·休謨（David Hume, 1711-1776）對心靈的非理性特質有深刻討論，其名言「理性充其量只是情感的奴隸」挑戰理性至上的看法，拉開了情理思辨的帷幕。[20] 盧梭的情感教育，席勒（Friedrich Schiller, 1759-1805）的美學教育等都打開了情感教育的豐富討論。其後，叔本華（Arthur Schopenhauer, 1788-1860）的唯意志論，尼采的權力意志論，柏格森（Henri Bergson, 1859-

---

20　"Reason is, and ought only to be the slave of the passions, and can never pretend to any other office than to serve and obey them." David Hume, *A Treatise of Human Nature* (Oxford: Clarendon Press, 1896), 416.

1941）、倭伊鏗（Rudolf Eucken, 1846-1926）、杜里舒（Hans Driesch, 1867-1941）等的人生哲學（philosophy of life），都對於情感和意志有更深入的探討。此外，當時以生物學、生理學或心理學來思考和研究情感的，包括威廉・詹姆士（William James, 1842-1910）、杜威（John Dewey, 1859-1952）、佛洛依德（Sigmund Freud, 1856-1939）等。以上哲學思潮，自十九世紀末進入東亞，成為清末至五四知識分子建立知識論的參考資源。

至及當代，海德格爾（Martin Heidegger, 1889-1976）、德勒茲與瓜塔里都對情感、情動力（affect）有深刻的思考和發現。比如海德格爾認為「情韻」（mood）是發現自我的首要方式，由此可闡明人的境況並理解存在之意義（meaning of Being）。[21] 德勒茲所談的「情動」理論也掀起了西方學術界的「情感轉向」（Affective turn）。[22] 這些理論對於情感的功能與價值有更豐富和深刻的討論，開闊我們對情理問題的思考方向。時至今日，學術界對情感的話題日益關注，中國文學的抒情

---

[21] Charles Guignon, "Moods in Heidegger's *Being and Time*," in *What is an Emotion?: Classic and Contemporary Readings*, ed. Robert C. Solomon (New York: Oxford University Press, 2003), 181-190.

[22] 情動（或情動力）的概念可以回溯至斯賓諾莎和德勒茲的哲學脈絡，是一種感受與被感受的能力（a capacity to affect and to be affected），處於居間狀態（in the midst of in-between-ness），在體與體之間傳遞（pass body to body），驅使我們作出行動和思考。情感轉向則是西方當代學術之新趨向，以情動理論作為資源，在文藝學、社會學、心理學、地理學、哲學、美學、政治學等方面重新思考人類的行為與文化。Melissa Gregg and Seigworth, "An Inventory of Shimmers," in *The Affect Theory Reader*, ed. Melissa Gregg and Seigworth (North Carolina: Duke University Press, 2010), 1-25. Patricia Clough ed., *The Affective Turn: Theorizing the Social* (Durham: Duke University Press, 2007).

傳統[23]、自然書寫[24]、愛的認識論[25]等，都是在不同領域和面向，以情感為視角重新發現人、文學與世界的關係。

　　情感與理性雖然是哲學話題，卻並不只是抽象或脫離現實的爭辯，而往往與生活及社會現實有極其密切的聯繫。[26]在清末至五四的中國知識分子眼中，情理之爭具有現實意義，從調整教育方針到再造現代文明，從覓尋人生方向到發展救國實業，都是關乎個人乃至國家命運的現實話題。

複數的啟蒙

　　隨着對五四思想的持續研究，學界近年展現一種共同趨向，筆者稱之為「複數的啟蒙」。它旨在破除嶄新與故舊的思想定型，呈現啟蒙路線的多樣性。余英時早在〈文藝復

23　「抒情傳統」起初由旅美學者陳世驤（1912—1971）和高友工（1929—2016）提出，後來在台港兩地流行。高友工：《美典：中國文學研究論集》（北京：三聯書店，2008 年）。王德威著，涂航、余淑慧等譯：《史詩時代的抒情聲音：二十世紀中期的中國知識分子與藝術家》（台北：麥田出版，2017 年）。陳國球：《抒情傳統論與中國文學史》（台北：時報出版，2021 年）。

24　例如李育霖《擬造新地球：當代台灣自然書寫》從德勒茲與瓜塔里的理論與哲思，以及地理美學的概念，探討當代台灣自然作家以文學回應生態危機的人文思考。李育霖：《擬造新地球：當代台灣自然書寫》（台北：國立台灣大學出版中心，2015 年）。

25　Lee Haiyan, *Revolution of the Heart: A Genealogy of Love in China, 1900—1950* (Stanford: Stanford University, 2006). 蔡孟哲：《愛的認識論：男同性愛慾文學的政治、情感與倫理》（新竹：國立陽明交通大學出版社，2023 年）。

26　本書部分內容成於 2019 至 2020 年，其時正值多事之秋，不論本地社會事件或是全球疫症爆發，從國族情感、身份認同、道德判斷、功利（效益）計算，到人道救援、醫護職責與權益、社會政策之制定等，處處不離對情感和理性的思考。近年也有本地學者探討情感與社會學之關係，參考許寶強：《情感政治》（香港：天窗出版社，2018 年）。

興乎？啟蒙運動乎？——一個史學家對五四運動的反思〉呼籲注意梅光迪（1890—1945）、梁漱溟等在思想史上被長期定型為「守舊派」的文人，建議轉換角度，重新理解他們站在胡適、魯迅、陳獨秀等人之對立面的位置。[27] 經過歷史學界的整體努力，今日我們對於「調適性的啟蒙」和「轉化性的啟蒙」兩條路線已經有了比較清晰的理解。前者包括嚴復、林紓（1852—1924）、梁啟超、杜亞泉（1873—1933）、張東蓀（1886—1973）以及學衡派、新儒家等，後者則有晚清的譚嗣同（1865—1898）、民國的胡適、陳獨秀、魯迅、李大釗（1889—1927）等。黃克武在〈文化的政治・政治的文化〉提綱挈領，點明瞭學界當前的努力方向：

> 　　將這兩種啟蒙視為五四的精神內涵，可以重新思索五四與傳統的關係 [，……] 五四所帶來的「啟蒙」（enlightenment）不是單一的，而是源自論戰之中的激辯，論辯雙方在具體問題上（如文言與白話、西化與守舊）雖難以調和，然均加深了吾人對於中國現代處境的認識，並促成對於中國未來走向的批判性思考。[28]

五四啟蒙並不單一，在不同層面與方向都體現出其多樣性。在「調適性的啟蒙」和「轉化性的啟蒙」以外，只要圍繞特定論題，重新組合與呈現，我們將看到五四啟蒙的

27　余英時：〈文藝復興乎？啟蒙運動乎？——一個史學家對五四運動的反思〉，載《五四新論：既非文藝復興・亦非啟蒙運動》，頁1—32。

28　黃克武：〈文化的政治・政治的文化〉，載黃克武主編：《重估傳統・再造文明：知識分子與五四新文化運動》（台北：秀威資訊科技，2019年），頁9—24。引文出自頁23—24。

更多臉孔。

　　複數的啟蒙在西方學界早就有跡可尋。劉擎在〈啟蒙運動的多樣性與複雜性〉中清晰地指出 1970 年代前後西方學界有關啟蒙問題的學術研究出現了一次「多樣性轉向」。此前啟蒙是被放置在一種整體論視野（monistic view）的論述傳統下去理解的，而轉向後則放棄了大寫的啟蒙（the Enlightenment）而改用複數的、小寫的啟蒙（enlightenments），由此闡明啟蒙運動的多樣性與複雜性，不同民族語境和不同派別都有各自的回應方式。啟蒙運動也因而應被視為一種多樣、並存的規劃，避免化約為單一論述。[29] 正是在這種維度下重新審視西方啟蒙運動與中國五四啟蒙的關係，而不是將中西文化之刻板印象以偏概全地比較其差異，才能對人類尋求啟蒙的歷程有真正意義上的思辨。

　　康德在〈甚麼是啟蒙〉（1784）中指出，啟蒙運動就是人類擺脫自己加之於自己的不成熟狀態，勇於公開地運用自己的理性，而不再臣服於權威。1984 年，傅柯（Michel Foucault, 1926-1984）以同題文章回應康德，指出啟蒙之要旨為「批判」，即對理性之正當運用之批判。高力克在《新啟蒙：從歐化到再生》（2019）中以此定義「啟蒙」與「新啟蒙」兩種

29　劉擎：〈啟蒙運動的多樣性與複雜性〉，載許紀霖、劉擎主編：《中國啟蒙的自覺與焦慮：新文化運動百年省思》（上海：上海人民出版社，2015 年），頁 79—85。這原是其於 2015 年華東師範大學舉辦「何為啟蒙、何為文化自覺」研討會上回應姚中秋〈重估新文化運動：它何以不是啟蒙運動〉的評論，後來整理成文稿入集。

模式。他提出現代中國的新啟蒙思潮脈絡，[30] 除了三十年代張申府（1893—1986）等左翼知識分子倡言之「新啟蒙運動」，也包括章太炎（1869—1936）、魯迅、杜亞泉、晚年的梁啟超、梁漱溟、吳宓（1894—1978）、馮友蘭（1895—1990）、賀麟（1902—1992）、李長之（1910—1978）等人的思想。此書將西方不同啟蒙思想脈絡跟中國啟蒙、新啟蒙行列作比較，展示了中西文化對啟蒙在不同層次上的理解，啟發本書更大膽地將不同思想資源作出比讀。

啟發本書至深的是彭小妍的《唯情與理性的辯證：五四的反啟蒙》。彭氏質疑五四是啟蒙理性運動的說法，重新提出情感啟蒙的脈絡，包括梁啟超領導的人生觀派，蔡元培領導的美育運動，朱謙之（1899—1972）、袁家驊（1903—1980）、方東美等人的唯情論。藉以指出，唯情（情感）與理性之辯證不只在西方啟蒙時代扮演重要角色，在五四啟蒙之中也是思想樞紐，反映了五四知識分子在認識論層面，與域外（西方及日本）思想和中國傳統展開的深刻思辨與對話。[31] 此論促使筆者重新審視過往接觸過的資料，驀然發現當時中國知識分子對情理話題的熟悉程度遠超想像，因而有意追蹤他們接觸與

30　高力克：〈序言〉，《新啟蒙：從歐化到再生》（北京：東方出版社，2019 年），頁1—7。「啟蒙」以理性祛中世紀信仰之魅，卻引致現代理性之魅；「新啟蒙」則不僅要祛中世紀神學之魅，而且同時要祛現代理性之魅。高氏將「新啟蒙」定義為「旨在破除傳統與現代的雙重迷信，超越新文化運動之進步主義與反傳統主義意識形態迷思，對傳統與現代性進行辯證雙向的批判，進而探索中國傳統與西方現代性融合之健全的現代化之道」（頁 170）。

31　彭小妍：〈導言：唯情與理性的辯證 —— 五四的認識論〉，《唯情與理性的辯證：五四的反啟蒙》，頁 17—50。

學習西學的思想歷程。

以上的「新啟蒙」與「反啟蒙」，差別主要體現在方法論與具體個案選擇上，[32] 但意念上卻有相通，皆有意破除以往五四新文化思想以理性啟蒙一統的認識，揭示啟蒙之更多面貌，還原一個完整的五四故事。總體而言，複數的啟蒙是學界晚近致力的方向，本書以「情感與理性之間」為題，同樣以此為研究對象，以個案方式揭示魯迅、陳獨秀、蔡元培如何在不同時段接觸和選擇不同的啟蒙路徑，從而對於五四思想的多樣性有更深入的理解。

章節安排

魯迅：非理性思想與詩學

魯迅在啟蒙與反啟蒙思潮自西方傳入日本及至中國的過程中如何取態？作為五四靈魂人物，他在情感與理性的話題上又如何接受與回應？或者回到筆者最初苦思的一個問題：1923 年爆發的科玄論戰是五四新文化急需克服和解決的思想難題，意義重大。梁啟超、胡適、陳獨秀、李大釗、張君勱等人都參與其中，為何擅長筆戰的魯迅竟然保持沉默？經過一番探究，答案有如一齣「穿越劇」——他原來十幾年前就回應過了。

32　高氏採用思想史研究的方法，比較貼近社會學、政治學、歷史學，彭氏則採用跨文化語彙為方法，由語彙翻譯入手關注思想概念的跨文化流動，比較側重在翻譯、文學、哲學。

在 1907 年至 1908 年，魯迅正留日學習，曾經發表過五篇長論文，即〈人之歷史〉〈科學史教篇〉〈文化偏至論〉〈摩羅詩力說〉和〈破惡聲論〉（未完），當中就已清楚表達了他對情感與理性之辯證的思考。在科玄論戰爆發翌年，魯迅寫作了小說〈祝福〉，又翻譯出版了廚川白村（1880—1923）的《苦悶的象徵》，兩者都呼應情理問題。1927 年出版的《墳》收錄以上幾篇的長論文（除〈破惡聲論〉），既作「埋藏」又是「留戀」，[33] 是一種曖昧的回應。

本書第一章重新閱讀魯迅早期寫作的五篇論文，[34] 探討他在留日時期如何承接西學中有關情感與理性的辯證思考，並以中國傳統詩學為資源作出回應，建立了一套以「心聲」為本的非理性思想與詩學。前人業已提及魯迅早期論文中的一些非理性與反啟蒙傾向，本章嘗試從情感與理性的角度進一步考察。[35] 筆者從〈人之歷史〉談起，追溯德國科學家海克爾（Ernst Haeckel, 1834-1919，魯迅譯作「黑格爾」）推崇理性、反對迷信的觀念如何進入魯迅的視野。魯迅選擇翻譯《宇宙

33　魯迅：《墳》題記：「造成一座小小的新墳，一面是埋藏，一面也是留戀。」魯迅：《魯迅全集》（北京：人民文學出版社，2005 年），第 1 卷，頁 4。

34　在魯迅早期論文的釋讀方面，材源考證非常重要，筆者除參考了北岡正子、中島長文、蔣暉等藍本考察外，也參考了宋聲泉、崔文東的新近研究。宋聲泉：《科學史教篇》藍本考略，《中國現代文學研究叢刊》，2019 年第 1 期，頁 143—150。崔文東：〈魯迅文學觀的跨文化形構：從明治文學論到〈摩羅詩力說〉〉，報告於香港中文大學中國語言及文學系、中央研究院中國文哲研究所合辦：「跨文化對話、協商與現代性：現當代華文文學與文化」國際學術研討會，2022 年 12 月 7 日。

35　劉正忠：〈摩羅，志怪，民俗：魯迅詩學的非理性視域〉，《清華學報》，第 39 卷，第 3 期（2009 年），頁 429—472。汪暉：〈聲之善惡：甚麼是啟蒙？——重讀魯迅的《破惡聲論》〉，《開放時代》，2010 年第 10 期，頁 84—115。

之謎》中人類學史的部分，卻未論及書中有關情感、靈魂、宗教、唯物一元論等西方思想爭辯。配合〈科學史教篇〉的分析，可以發現他更多受到英國科學家赫胥黎（Thomas Huxley, 1825-1895）、丁達爾（John Tyndall, 1820-1893）等客觀唯心主義的影響，對主知主義有所批判。〈文化偏至論〉在知見與情操、理性與情感等互相參照的概念中，構設了理想的「完人」狀態，最終卻選擇了「主意主義」（唯意志論）的立場，説明瞭魯迅在非理性思潮中尤其偏重於意志與反抗精神。接下來的〈摩羅詩力説〉把詩人定義為「攖人心者」，強調以「心聲」共振來達到個人以至民族覺醒，與情感密切有關。〈破惡聲論〉的論題「偽士當去，迷信可存」，也是一種非理性思維。[36] 通過追溯〈摩羅詩力説〉和〈破惡聲論〉中「神思」「心聲」等重要概念的詞彙選用、構成及其文化語境，本章討論魯迅挪用中國傳統資源回應西方，特別是指出一段不常為論者注意的文字，實承自劉勰（465—522）《文心雕龍》物色論，由此闡述魯迅的現代詩學與知識觀。本章最後分析〈祝福〉與《苦悶的象徵》翻譯中隱含着的情理思考，説明魯迅在二十年代仍然持守的非理性立場。

　　本書第一、二兩章分別關注海克爾學説對魯迅和陳獨

36　伊藤虎丸（1927—2003）最早注意到「偽士當去，迷信可存」的論題。伊藤虎丸著，孫猛譯：〈早期魯迅的宗教觀 ——「迷信」與「科學」之關係〉，《魯迅研究動態》，1989 年第 11 期，頁 14—25。

秀的影響。[37] 昔日，海克爾一度被視為拉馬克（Jean-Baptiste Lamarck, 1744-1829）、達爾文（Charles Darwin, 1809-1882）後另一重要科學家，雖然如今其科學成就不敵時間驗證，名聲大不如前，[38] 但當時對中、日兩地思想家有過一定影響。特別是其一元哲學在中、日書籍裏經常出現，值得正視。[39]

陳獨秀：科學與感情的糾葛

在現代科學興起以後，歐洲對於科學與宗教之關係有長期的討論。[40] 相關討論至今不絕，但早已脫離兩者互不相容的淺薄認識。[41] 回看清末至五四，科學與宗教信仰的問題，同樣具有複雜性。嚴復翻譯赫胥黎《天演論》，打開了中國現代科學觀的重要一頁，但容易被忘記的是《天演論》本身的內容以及嚴復的翻譯都有佛教思想的參與。[42] 嚴復後來在五四熱衷於

---

37 張芸：〈魯迅早期論文與德國思想界關係初探〉，《魯迅研究月刊》，2004 年第 8 期，頁 65—71。歐陽軍喜：〈以科學與理性的名義：新文化運動中的海克爾及其學說在中國的傳播〉，《學術研究》，2011 年第 4 期，頁 120—127。

38 海克爾生物學在科學上被揭發胚胎實驗造假，在歷史上又遭指控與德國納粹相關，導致評價不佳。Robert Richards, *The Tragic Sense of Life: Ernst Haeckel and the Struggle over Evolutionary Thought* (Chicago: University of Chicago, 2008).

39 關於海克爾思想整理和傳播，可參考福元圭太：《生物学的世界観とドイツ文芸クライス：ヘッケル「一元論」の射程》（福岡：九州大學，2008 年）。

40 早期具代表性的包括：John William Draper, *History of the Conflict between Religion and Science* (New York: D. Appleton & Company, 1875). Andrew Dickson White, *A History of the Warfare of Science with Theology in Christendom* (New York: D. Appleton & Company, 1897), vol. 1-2.

41 Peter Harrison, *The Territories of Science and Religion* (Chicago: University of Chicago Press, 2015).

42 應磊：〈赫胥黎的「業」：反思世俗化預設與進化論在中國的受容〉，報告於輔仁大學中國文學系主辦：「生命的印記——文學家與他們的時代國際學術研討會」，2023 年 3 月 25 日。

靈學研究，更見科學理性、宗教與迷信之間的模糊地帶。[43]

　　另一個極具代表性的例子，也是本書將要討論的，是陳獨秀。他在 1915 年回國後開始宣揚科學思想，先後引介「賽先生」，提出「以科學代宗教説」，五四後一度轉向認同耶穌精神。直至 1923 年科玄論戰爆發後，他又再次轉變，主張以唯物史觀建立科學威權，反對胡適、丁文江等人的科學觀，也駁斥張君勱、梁啟超等人的玄學與人生觀。我們該如何理解陳獨秀這種標榜科學理性至上，而同時又充滿熱情與情感的思想取態？

　　本書第二、三章分別對應陳獨秀在科學和宗教兩方面的文化重塑，前者以其對海克爾的接受與轉化為中心，揭示其「理性」「科學」概念的建構，後者以法國實證主義哲學家孔德（Auguste Comte, 1798–1857）的人本教作為對讀，反思陳獨秀思想轉折背後的原因，並以情感的角度解重新詮釋。

　　第二章通過陳獨秀對海克爾學説的接受與轉化，討論他在科學與宗教問題上如何作出文化選擇，分析他對理性啟蒙的見解。1917 年陳獨秀翻譯了海克爾《宇宙之謎》（*Die Welträtsel*）的其中一章〈科學與基督教〉，刊登於《新青年》，藉以呼應其以科學代宗教説。通過重讀海克爾一元哲學，整理出海克爾的理性與科學觀念，同時指出當中濃厚的自然神

43　黃克武：〈民國初年上海的靈學研究：以「上海靈學會」為例〉，《中央研究院近代史研究所集刊》，第 55 輯（2007 年），頁 99—136。黃克武：〈靈學與近代中國的知識轉型——民初知識分子對科學、宗教與迷信的再思考〉，《思想史》，第 2 期（2014 年），頁 121—196。

論或泛神論色彩。由此可見，陳獨秀的翻譯是一次有意識的文化改造，刻意抹去了原來學說中「自然」或「一元」概念的神祕色彩，隱去海克爾學說的終極目標——「一元宗教」，建構出一種唯理性與反宗教的海克爾學說。從海克爾提倡合乎科學理性的一元宗教，到陳獨秀提出以科學代宗教說，可視為一次歐亞啟蒙運動下的理性聯結。從中也體現出跨文化背景下，五四知識分子對科學理性與宗教信仰關係作出的一次抉擇。

第三章有意從情感與宗教來談陳獨秀。這看似與上一章矛盾，但其實兩者併合起來，才能看到陳獨秀思想之表裏。郭穎頤（Danny Wynn-ye Kwok, 1932- ）早於六十年代提出兩種唯科學主義模式——唯物論科學主義和經驗論唯科學主義。他認為陳獨秀是前者的代表人物，其科學觀是一種反傳統、反宗教、唯物的信仰，是一種唯物論的科學崇拜。[44] 此論奠定了陳獨秀的科學主義者形象，但相隔半世紀，這一論點或許有再深化的餘地。例如，陳獨秀在科玄論戰以前曾經肯定基督教中耶穌的情感與精神，他在這段時期是如何思考宗教與反宗教、情感與理性的關係？他在科玄論戰中轉向社會科學與唯物史觀，是打倒「昨日之我」，否定這些情感論述，還是背後隱藏了一套轉化機制？因為孔德同樣經歷過近似的思想處境，所以筆者以孔德學說為角度，嘗試回答以上問

44　郭穎頤著，雷頤譯：《中國現代思想中的唯科學主義，1900—1950》（南京：江蘇人民出版社，1990 年）。

題。[45] 不少有關陳獨秀的研究都或多或少會提起孔德「三階段論」的影響，但以專題探討兩人思想關聯的卻不多，談到人本教的就更少。在提及陳獨秀與孔德人本教的論著之中，張灝的文章最先引起了筆者的注意。[46] 高力克的〈「以科學代宗教」：陳獨秀的科學主義宗教觀〉也提到人本教，認為兩人在保存宗教問題上的分歧體現了中西文化的明顯差異。[47] 本章卻希望發掘他們不同的選擇背後的共通基礎，並由此提出一套解釋陳獨秀轉向的方法。

孔德在 1824 年因不滿老師聖西門（Henri de Saint-Simon, 1760–1825）提出「新基督教」概念，憤然離開，自行創立實證主義哲學，奠定社會學的基礎。直到晚年，不論在其個人生命經歷，還是從外在歷史風潮中，他都切身感受到情感的重要性。他認為繼續以理性或科學來解決社會問題，將導致更大的危機。於是，他提出了人本教概念，就是以情（社會愛）為最高原則，作為一種實證主義的最終狀態。孔德的人本教頗具爭議，學術評價毀譽參半，有人認為是孔德晚年糊塗了，才重新拾取宗教形式。不過，本章並不是要比較人本教與陳獨秀的唯物史觀哪個更好，而是要指出，即使在不同時代與

45　有關孔德資料，參考：孫中興：《愛‧秩序‧進步：社會學之父 —— 孔德》（台北：巨流，1993 年）。Mike Gane, *Auguste Comte* (New York: Routledge, 2006). Michel Bourdeau, Mary Pickering, Warren Schmaus ed., *Love, Order, and Progress: The Science, Philosophy, and Politics of Auguste Comte* (Pittsburgh: University of Pittsburgh, 2018).

46　張灝：〈重訪五四：論五四思想的兩歧性〉，載《五四新論：既非文藝復興‧亦非啟蒙運動》，頁 33—65。

47　高力克：〈「以科學代宗教」：陳獨秀的科學主義宗教觀〉，《史學月刊》，2017 年第 1 期，頁 89—97，108。

文化中，知識分子面對的處境也有相似之處。兩人都在建立現代科學觀念的過程中，遇上了情感與理性的辯證問題。孔德回應情感問題的答案是人本教，陳獨秀卻選擇非宗教的馬克思主義。這看起來似乎是背離了宗教與情感，但從另一個角度看來，是馬克思主義先滿足了其情感需求。綜合兩章，本書將揭示陳獨秀表面上極力推崇理性啟蒙主義，實則仍不脫情感的牽絆，由此體現了情理辯證弔詭的一面。

蔡元培：在以美育代宗教之前

蔡元培在 1917 年北京神州學會的演講上提出的「以美育代宗教說」，成為了中國現代美學的重要標誌。涂航〈美育代宗教：蔡元培與中國現代美學的起源〉扼要地指出，中國現代美學之發軔背景，是一方面企圖克服儒家現世主義的困境而追尋超越性理論，另一方面又在科學理性的影響下企圖與神祕主義的宗教情感劃清界線。[48] 這點明瞭以美育代宗教說在中國語境下誕生的獨特性，也間接提醒人們，此說跟情感與理性的辯證關係密切。蔡元培在 1898 年起學習日文，藉日本書籍研讀西學，1907 年負笈德國，直接學習哲學、心理學、美學等知識，直至 1911 年回國，1913 年又在法國考察三年。直到提出以美育代宗教說，這位進士出身的思想家已經有整整二十年的西學學習經歷。學界對這部分的了解卻極其有

---

48 涂航：〈美育代宗教：蔡元培與中國現代文學的起源〉，載王德威、宋明煒編：《五四 @100：文化，思想，歷史》（新北：聯經出版公司，2019 年），頁 253—257。

限，[49] 近年始有突破。除了康德以外，蔡元培在學習階段還受哪些域外思想的影響？反啟蒙思潮曾否啟發他提出美育思想方案？本書使用三章篇幅，以蔡元培早年的翻譯書籍為角度，詳細探論其學習史與世界思潮的聯結，再現以美育代宗教說提出之前的跨文化脈絡。

在蔡元培的學習史方面，陳灝翔的〈王國維、蔡元培與張君勱的教育思想比較 —— 德國人文取向教育學的脈絡〉（2017）認為王國維、蔡元培和張君勱三人同樣受到了德國新人文主義或非理性主義思潮的影響，為中國打開了一種批判取向的教育學術脈絡。其中一節也提及蔡元培從泡爾生（Friedrich Paulsen, 1846-1908）著作及洪堡特（Wilhelm von Humboldt, 1767-1835）的理念中得到新人文主義的滋養。[50] 另外，李宗澤的〈蔡元培思想中的德國資源〉（2017）提出蔡元培美育思想與德國資源之關聯，是突破之作。[51] 文章按 1903—1916 年和 1917—1932 年兩段時期順序整理出蔡元培所接受到的德國思想資源。前半從蔡氏文章中找出康德、叔本華、文德爾斑（Windelband, 1848-1915）等的觀點，後半比讀蔡氏美育觀點跟康德、席勒的美學和美育思想，有助促進學界對蔡元培思想淵源的認識。文章主要分析的文本是單篇文章和

49　蔡元培與域外思想的討論熱點長期集中在蔡氏與康德美學的關係，論題時常重複。

50　陳灝翔：〈王國維、蔡元培與張君勱的教育思想比較 —— 德國人文取向教育學的脈絡〉，《中正教育研究》，第 16 卷第 2 期（2017 年 12 月），頁 115—151。

51　李宗澤：〈蔡元培思想中的德國資源〉，載楊貞德主編：《近代東西思想交流中的傳播者》（台北：中央研究院中國文哲研究所，2017 年），頁 199—229。

演説，對於蔡元培的翻譯書籍，如《哲學要領》《倫理學原理》等，則採取述覽方式處理。本書第四至六章正是在這一方面作出補充，具體而言，將主要分析以下三人的翻譯書籍：

(1) 井上圓了（1858—1919）的〈佛教護國論〉（1900 譯）、〈哲學總論〉（1901 譯）、《妖怪學講義錄》（1906 譯）

(2) 科培爾（Raphael von Koeber, 1848−1923）的《哲學要領》（1903 譯）

(3) 泡爾生的《倫理學原理》（1909 譯）

第四章考察蔡元培在井上圓了的學說中如何認識到理性與非理性思想，建立其最初的現代知識論。井上圓了是日本明治至大正時期的重要哲學家，對近代日本以及中國都有巨大影響。井上圓了研究在日本學界一直受到關注，在中文學界卻是較晚起步的課題，近十年才開始受到關注。佐藤將之主編的《東洋哲學的創造：井上圓了與近代日本和中國的思想啟蒙》（2023）收入了中、日學者的研究，論題包括了井上對梁啟超、章太炎的影響。[52] 至於蔡元培對井上的接受，最早開展探索的是王青〈井上圓了與蔡元培宗教思想的比較研究〉

52　佐藤將之主編：《東洋哲學的創造：井上圓了與近代日本和中國的思想啟蒙》（台北：國立台灣大學出版中心，2023 年）。李立業所寫的第七章「井上圓了的中文譯著與近代中國的思想啟蒙」整理出井上學說的中譯史料，很具參考價值，頁 171—188。

(2013)，廖欽彬、楊光也有延續討論。[53] 王青認為，蔡元培始終是啟蒙主義者，從井上學説中只得出平等、民權、科學等價值，沒有受其佛教思想影響。本章則傾向從反啟蒙的立場觀察，同意蔡氏對具體宗教的教義、儀式都沒有太大興趣，但指出井上的非理性立場對蔡氏建立知識論基礎起了重要作用。通過分析井上學説對於智力與情感的區分，迷信與理性的思辨，以及開示「真怪」的方法等，指出這些思想承接西方對啟蒙的辯證思考。對照蔡元培在五四時期的美育倡議，展現井上圓了的宗教啟蒙與清末民初逐漸形成的情感啟蒙之間的密切聯繫。

　　第五章探討蔡元培如何從科培爾《哲學要領》的「神祕主義」中建立哲學與宗教的知識論，是一個全新的課題。科培爾是俄國德裔哲學家，師從人生哲學發揚者倭伊鏗。1893 年他經無意識哲學提倡者哈特曼（Eduard von Hartmann, 1842-1906）推薦，到日本帝國大學文科大學任教哲學、美學等科目約二十年。他的學生中有許多日本大正時期重要的哲學家、文學家，包括西田幾多郎（1870—1945）、波多野精一（1877—1950）、和辻哲郎（1889—1960）、田邊元（1885—1962）、夏目漱石（1867—1916）等。科培爾直接將歐洲哲學、宗教、美

53　王青：〈井上圓了與蔡元培宗教思想的比較研究〉，《世界哲學》，2013 年第 3 期，頁 128—135。廖欽彬：〈井上圓了與蔡元培的妖怪學 —— 近代中日的啟蒙與反啟蒙〉，《中山大學學報（社會科學版）》，第 57 卷，總第 266 期，2017 年第 2 期，頁 169—176。楊光：〈再思「美育代宗教」—— 在 20 世紀早期美學與佛學關係中的一個考察〉，《鄭州大學學報（哲學社會科學版）》，第 51 卷，2018 年 3 月第 2 期，頁 19—24。

學知識帶往日本，也影響了日本宗教哲學的發展。若要談論歐亞思想聯結，他可算是處身於跨文化舞台的中央。其《哲學要領》乍看是再普通不過的哲學入門書，但仔細追蹤其哲學淵源，會發現當中充滿非理性思想的觀點，是反啟蒙思潮的產物。例如它以「神祕狀態」（ミスチシズム／神祕の狀態）為核心概念，認為單憑理性推論無法理解世界的終極意義，主張哲學與宗教需要重回神祕學的本源，才能把握宇宙人生之奧義。這與謝林同一哲學的宗哲同源觀點一致，又與哈特曼《無意識哲學》的最後一章「神祕主義」呼應，是站在德國唯心論的立場來解釋哲學。通過考察科培爾著作的思想淵源，以及其周邊思想材料，本章將重構科培爾在跨文化思想交流中的位置及貢獻，並提出《哲學要領》展現了蔡元培所接觸的西學傾向於非理性思想。接着，探討蔡元培在宗教哲學到美育話題上的前後轉變。特別是在 1918 年至 1923 年間，蔡元培日記中圍繞神祕論述和人生哲學等話題的文本資料，說明蔡元培前後期對神祕主義的理解有所轉變，由宗教哲學轉向至人生哲學，從而展現反啟蒙思潮在中、日兩地思想的流變。

第六章以蔡元培在 1909 年翻譯出版的泡爾生《倫理學原理》為個案，展現他在赴德初期接觸到的西方非理性思想。泡爾生是德國新康德主義哲學家、教育學家。他在 1908 年去世，蔡元培隨即着手翻譯《倫理學原理》，介紹其學說至中國。這部倫理學入門書既綜合康德、叔本華等人的學說，也提出了泡爾生本人對科學理性的省思，對道德、宗教、科學、美

育等不同範圍都有論及。且看書中一段：

> 一切科學之研究，在近世雖有非常進步，而宇宙之大祕密，則非惟未能闡明，而轉滋疑竇，蓋於其本體之深奧，與夫形式之繁多，益見有不可思議者。[……]由是觀之，科學之進步，非真能明瞭事物之理，乃轉使吾人對於宇宙之不可思議，益以驚歎而畏敬也。是故科學者，使精心研究之人，不流於傲慢，而自覺其眇眇之身，直微於塵芥，則不能不起抑損寅畏之情，奈端[按：牛頓]如是，康德亦如是。[54]

泡爾生直接指出科學之進步不足以解開宇宙之謎，反之使人敬畏於世界隱藏之理，這顯然是反啟蒙的立場。泡氏強調情感與意志兩者關係密切，其情志論對蔡元培有過一定啟發，但二者也有差異。泡氏對宗教採取比較樂觀的態度，對美術有提及而沒有詳論。蔡元培後來則認為有信仰心即可，不必有宗教，同時將美術教育或美感教育放在更為重要的位置。

以上三章，各以不同思想家為中心，按時序發掘蔡元培的學習史，了解其早期思想的形成過程。這三部分涵蓋了他在1900—1910年間所有的翻譯作品，可看出其意向所在——站在非理性的立場。但這些作品各自又在不同脈絡（井上是日本脈絡，科培爾是德—日脈絡，泡爾生是德國脈絡），以不

54　泡爾生著，蔡元培譯：《倫理學原理》，載中國蔡元培研究會編：《蔡元培全集》（杭州：浙江教育出版社，1998年），第9卷，頁407。

同方式與偏向回應着情感與理性的辯證。

　　五四的影響持續至今，與當代思想文化一直對話。面對人工智能（AI）時代，科學理性精神再次膨脹。昔日知識分子對理性精神的反省和對情感的珍視，批判家與學者對於科學主義和宗教問題的看法，或許可以給予我們一點啟示。總括而言，本書以跨文化視角重新審視魯迅、陳獨秀、蔡元培，藉情感與理性的辯證，再現西方啟蒙與反啟蒙思潮在清末至五四流入中國的具體情形，嘗試闡述中國文化如何與域外文化互相滲透、聯結和對話。而了解這些跨文化思想淵源，將有助於我們理解五四思想主體（複數）的生成。

第一章

反啟蒙與文藝：
魯迅留學時期的非理性思想

魯迅（1881—1936）早年留學日本長達七年，期間廣泛涉獵西學，1907—1908 年間一連發表了五篇論文，記錄了該時期的思想觀念。本章探論魯迅在留日期間對西方思想史上情感與理性之辯證思考的接受，通過考察〈人之歷史〉〈摩羅詩力說〉〈科學史教篇〉〈文化偏至論〉及〈破惡聲論〉這五篇重要的論文，[1] 探討魯迅在接觸西方啟蒙與反啟蒙思潮的時候如何思考情感與理性的議題並作出選擇，以及他如何挪用中國傳統資源以建立其現代詩學主張及知識觀。

情感與理性的辯證在五四時代成為公共議題，有關二十世紀中國建構「情」觀念的研究，近年學界已整理出從現代至當代之大概脈絡，包括二十年代參與科玄論戰的丁文江（1887—1936）、張君勱（1887—1969）和梁啟超（1873—1929）等人的思想和提倡「唯情論」的朱謙之（1899—1972）、顧綬昌（1904—1999）和袁家驊（1903—1980）、「新儒家」學者梁漱溟（1893—1988）、方東美（1899—1977）和牟宗三（1909—1995）等人的觀念，[2] 其中以 1923—1924 年爆發的科玄論戰和唯情哲學討論為高潮。魯迅在上述科學與人生、情感與理性議題鬧得沸沸揚揚的時候，基本上保持了沉默。雖然看似未有直接參與其中，但他在同一時期出版了收錄大部分

1　本章採用人民文學出版社 2005 年 18 卷本《魯迅全集》，討論的五篇論文出處如下：〈人之歷史〉〈科學史教篇〉〈文化偏至論〉〈摩羅詩力說〉分別收入第 1 卷的頁 8—24，25—44，45—64，65—120，〈破惡聲論〉收入第 8 卷的頁 23—40。

2　參考彭小妍：《唯情與理性的辯證：五四的反啟蒙》（新北：聯經出版公司，2019 年）。方用：《20 世紀中國哲學建構中的「情」問題研究》（上海：上海人民出版社，2011 年）。

早期論文的文集《墳》（1927），既作「埋藏」又是「留戀」，[3] 透露出一種曖昧的回應，值得重視。此外，在他 1924 年發表的小說〈祝福〉中也可見端倪。這場辯證與歐洲十七、十八世紀前後的啟蒙與反啟蒙運動、科學革命有直接的關聯。當時伴隨科學革命而在歐洲大陸生成的理性主義學派（Rationalism）將理性提升至獨立而且高於感官經驗的位置，視其為把握知識的惟一方式。同時，又主張理性是人類與生俱來的，因此知識可透過理性而從內在心靈（soul/mind）獲得。另一派經驗主義（Empiricism）則強調感官經驗，例如洛克（John Locke, 1632-1704）就認為人的心靈如同白板，知識不從先天的理性而來，只是由外界的經驗轉化而成；休謨（David Hume, 1711-1776）在《人性論》則指出理性（reason）充其量只是情感（passion）的奴隸。[4] 這些關於情感與理性的思考在笛卡兒（René Descartes, 1596-1650）、斯賓諾莎（Baruch de Spinoza, 1632-1677）、盧梭（Jean-Jacques Rousseau, 1712-1778）、康德（Immanuel Kant, 1724-1804）等人的著作中都有豐富的討論，成為了十九世紀哲學、文學、人類學、生物學等眾多領域裏亟待處理的議題。甚至，這場啟蒙與後啟蒙運動跨越了歐洲，從日本進入中國，影響到清末至五四時期的幾代中國

3　《墳》題記：「造成一座小小的新墳，一面是埋藏，一面也是留戀。」魯迅：《魯迅全集》（北京：人民文學出版社，2005 年），第 1 卷，頁 4。

4　"Passion" 一詞是比較舊的用法，目前英語學術界較多採用 "affect" 一詞來指代情、情感、情動等相關概念。有關五四唯情論與西方情動力理論的關係，可參考彭小妍：《唯情與理性的辯證：五四的反啟蒙》，頁 19—23。

知識分子。[5]

　　魯迅留日初期在 1903 年前後寫作〈斯巴達之魂〉〈說鈤〉〈中國地質略論〉等文章。及後四年雖僅編寫《中國礦產志》或偶作科學小說翻譯，卻在這段時期閱讀了大量在西方科學革命與啟蒙運動背景下出現的著作。1907—1908 年間一口氣發表了五篇長論文，都是他閱讀西學，反思中國社會問題的重要成果。魯迅早期論文中的「個人」「立人」觀念已經得到前人的深入討論，[6]但情感與理性的話題卻未被提出來，[7]特別是將其作為跨文化聯結的一環去理解魯迅作出文化選擇的能動性，值得我們去關注和討論。

　　本章冀望將「情」的話題推前，透過魯迅的個案，理解清末民初這場跨越中西文化，圍繞情與理性之辯證討論的脈絡。下文從〈人之歷史〉談起，追溯德國科學家海克爾（Ernst Haeckel, 1834-1919，魯迅譯作「黑格爾」）推崇理性，反對迷

5　當時不少留日知識分子都從啟蒙與反啟蒙思潮中吸收養分，將這場西洋文化思潮自日本帶入中國，開展新的討論，包括梁啟超、陳獨秀（1879—1942）、魯迅等。黃福慶《清末留日學生》一書指出，在中國輸入西洋文化的過程中，日本發揮其重要角色，「幾乎是西洋文化的櫥窗」，是了解西洋文化及世界潮流的捷徑，這點特別在留日學生的譯書趨勢中得到驗證。見黃福慶：《清末留日學生》（台北：中央研究院近代史研究所，1975 年），頁 160—187。又參考實藤惠秀著，譚汝謙、林啟彥譯：《中國人留學日本史》（香港：香港中文大學出版社，1982 年），第 30 節「留日學生對新文代的貢獻」，頁 135—137。

6　汪衛東：《魯迅前期文本中的「個人」觀念》（北京：人民文學出版社，2006 年）。符杰祥：〈當詩學碰觸實學 —— 教父魯迅的現代思想與文學態度〉，《國族迷思：現代中國的道德理想與文學命運》（台北：秀威經典，2015 年），頁 87—140。

7　郜元寶對於魯迅作品中的「心」字與傳統文化的關係有獨到的見解和發揮，有助開展魯迅的情感論述，但筆者認為西方情感與理性、科學與啟蒙的討論也應得到更多的重視。郜元寶：《魯迅六講》（北京：北京大學出版社，2007 年）。

信的觀念如何進入魯迅的視野，並在西方情感與理性辯證的討論脈絡下探討他的科學與知識觀念。接着，透過〈科學史教篇〉〈文化偏至論〉的分析，展示魯迅對科學與理性的批判立場。魯迅在「知見」與「情操」，「理性」與「情感」等互相參照的概念中構設理想的「完人」狀態，最終卻選擇以「主意主義」（唯意志論）來作為落實的方案，將這場跨文化的非理性探索推向更為深入的層次。最後，追溯〈摩羅詩力說〉〈破惡聲論〉中「神思」「心聲」等重要概念的詞彙選用、構成及其文化語境，討論魯迅如何挪用中國傳統資源（例如劉勰（465—522）《文心雕龍》）來回應西方，鋪陳內涵與外緣，情感與主體等關係，闡述其現代詩學與知識觀。

一、〈人之歷史〉與海克爾《宇宙之謎》

1907 年，魯迅在日本寫成了〈人之歷史 ── 德國黑格爾氏種族發生學之一元研究詮解〉，[8] 是首次有人將海克爾學說引介到中文世界。相比起達爾文（Charles Darwin, 1809–1882）或赫胥黎（Thomas Huxley, 1825–1895）的演化理論，海克爾在當時獲得魯迅更多的關注。海克爾是德國著名的生物學家，在解剖學、人類學方面有很大的貢獻，1866 年出版的《形態學大綱》更是世界上首部達爾文進化論的教科書，[9] 推動了達爾

8　原題為〈人間之歷史 ── 德國黑格爾氏種族發生學之一元研究詮解〉，日語「人間」（にんげん）是「人類」的意思，入集時魯迅將「人間」一詞改為「人」。

9　德文書名為 *Generelle Morphologie der Organismen: allgemeine Grundzüge der organischen Formen-Wissenschaft, mechanisch begründet durch die von Charles Darwin reformirte Descendenz-Theorie.*

文思想在德國的傳播。海克爾主張一元論哲學，認為神（Gott）和自然（Natur）是同一事物，身體（Körper）和精神（Geist）不可分離。[10] 這種觀點直接承繼於斯賓諾莎的泛神論思想，海克爾多處徵引歌德（Goethe, 1749-1832）、斯賓諾莎的觀點來說明其一元論，但相比之下，海克爾更偏重於科學和理性（Vernunft）。他認為情感（Gemüt）和啟示（Offenbarung）都不是得到真理的方法，情感更會妨礙理性，惟有通過感官活動和理性活動（Sinnestätigkeit und Vernunfttätigkeit）才能掌握真理。他反對以「啟示」為本的宗教信仰，不相信有人格化的上帝，主張宗教應要建立在科學的、理性的信仰之上。在《宇宙之謎》《生命之不可思議》等著作中，海克爾展示出一種以西方科學發展作為基礎的樂觀主義傾向，他相信科學可以解決宇宙間的一切問題，包括形而上學的部分。這種科學理性至上的想法正是當時反啟蒙思潮所批判的。在德國 1860 年代起出現的「回到康德」運動的背景下，新康德主義者泡爾生（Friedrich Paulsen, 1846-1908）一再攻擊海克爾的一元論思想，認為他視科學為萬能鑰匙，缺乏哲學家應有的懷疑精神。

Natürliche Schöpfungsgeschichte (1868) 一書是最早譯成日語的海克爾著作，即 1888 年出版的《進化要論》（今譯《自然創造史》）。[11] 後來兩部受大眾歡迎的通俗著作 *Die Welträtsel*

10　馬君武譯本：「一元論只認此世界為一物質，上帝與自然界同為一物，物體與精神不可分離。」海克爾著，馬君武譯：《赫克爾一元哲學》（上海：中華書局，1920 年），頁 16。

11　據日本國立數位典藏條目：ヘツケル著，山縣悌三郎譯述：《進化要論》（東京：普及舍，1888 年）。

（《宇宙の謎》）和 *Die Lebenswunder*（《生命之不可思議》）亦分別在 1906 年和 1911 年出版日譯本。魯迅擁有以上三部書的德語本，[12] 也擁有由 1906 年有朋館出版，岡上梁（1880—1954）與高橋正熊合譯的《宇宙の謎》。[13] 同時魯迅也購讀了威廉・伯爾舍（Wilhelm Bölsche, 1861–1939）以德語撰寫的 *Ernst Haeckel, Ein Lebensbild*（《恩斯特・海克爾的一生》，1900），是其藏書之中惟一的自然科學家傳記。另外，石川千代松（1860—1935）的《進化新論》（1903）和丘淺次郎（1868—1944）的《進化論講話》（1904）亦見於魯迅藏書，兩部著作皆有直接引用或以專章討論海克爾的科學觀點。[14] 從此可見，魯迅對海克爾的關注是有跡可尋的，以海克爾的兩部著作以及日本進化論專論的二手材料來看，魯迅對海克爾的一元哲學論應有大致的掌握。

魯迅為何選擇編譯《宇宙之謎》第五章？這首先涉及語言上的考慮。據北岡正子的考證，魯迅 1906 年 3 月到東京

12　這三部書的版次分別為：(1)*Natürliche Schöpfungsgeschichte*[按：自然創造史] (Berlin: George Reimer, 1902). (2)*Die Welträtsel: germeinverständliche Studien über monistische Philosophie*[按：宇宙之謎] (Stuttgart: Alfred Kröner, 1903). (3)*Die Lebenswunder: Gemeinverständliche Studien über biologische Philosophie*[按：生命之不可思議] (Stuttgart: Alfred Kröner, 1906). 其中《生命之不可思議》為大眾普及本（節本）。參考北京魯迅博物館編：《魯迅手跡和藏書目錄》（北京：北京魯迅博物館，1959 年）第三冊。

13　據日本國立數位典藏條目：エルンスト・ヘッケル 著，岡上梁、高橋正熊合譯：《宇宙の謎》（東京：有朋館，1906 年）。參考中島長文編：《魯迅目睹書目：日本書之部》（宇治市：中島長文自資出版，1986 年），「自然科學」條，頁 21—24。

14　石川千代松：《進化新論》（東京：敬業社，1903 年）。丘淺次郎：《進化論講話》（東京：開成館，1904 年）。

後才掛名在獨逸語專修學校偶爾旁聽，此前的德文能力並不高。[15] 由此推論，魯迅在 1907 年譯介海克爾著作時，雖有至少三部海克爾的德語著作，惟獨《宇宙之謎》有日譯本，會是較為可行的選擇。其次是內容的選擇。比較第五章與全書其他章節內容的話，可以窺見魯迅的取向。《宇宙之謎》的通論和結論兩章以介紹性質為主，第二至四章以專業科學的討論為主，包括解剖學、胎生學等較專業的知識，第六至十一章，第十六至十八章分別集中討論「靈魂」(Seele，或譯「精神」)和「上帝」(Gott)，第十二至十五章討論「世界」(Welt)，包括物質定律、進化論等，第十九章針對康德哲學和宗教問題作出批判，第二十章作者提出對各大科學之謎的個人解答。魯迅對上帝沒有抱太大的興趣，但「靈魂的有無」卻是他畢生關注的話題。當時海克爾從生理角度解釋靈魂僅是大腦作為機體運作的結果，屬於心理 / 生理現象，這種說法想必引起了魯迅的注意。魯迅晚年回顧學醫時對「靈魂的有無」的探索，說當時「結果是不知道」，[16] 這說明瞭他對海克爾的靈魂論是存疑的。這跟十年後陳獨秀將《宇宙之謎》第十七章譯成〈科學與基督教〉(1917—1918 年刊於《新青年》)，體現出兩種截然不同的選擇，相映成趣。不選靈魂或上帝，其實也跟魯迅的科

15　北岡正子著，李冬木譯：《魯迅救亡之夢的去向：從惡魔派詩人論到〈狂人日記〉》(北京：生活・讀書・新知三聯書店，2015 年)，第一章「有助於『文藝運動』的德語 —— 在獨逸語專修學校的學習」，頁 1—31。

16　魯迅對靈魂(鬼魂)或死後世界是持質疑的態度的，臨終一年談「死」的時候說：「三十年前學醫的時候，曾經研究過靈魂的有無，結果是不知道 [。……] 在這時候，我才確信，我是到底相信人死無鬼的。」見〈死〉，《魯迅全集》，第 6 卷，頁 631—632。

學觀念有直接關係。

　　《宇宙之謎》第五章是一篇生物學簡史，原來的標題是「我們種族的發生 —— 關於人類起源與進化自脊椎動物（首先通過靈長類動物）的一元論研究」，[17] 海克爾以人類學史的角度梳理了西方歷來的相關說法，包括神創論（Mysthische Schöpfungsgeschichte）、形變說（Transformismus）、種源論（Descedenztheorie）、選擇論（Selektionstheorie）、種族發生學（Stammesegeschichte）等，用以說明生物學如何擺脫早期受宗教的影響的神造說而萌發出新近的進化學說，亦是魯迅最感興趣的部分。魯迅早在 1902 年便讀過由赫胥黎著，嚴復翻譯的《天演論》，[18] 周作人形容這對魯迅有「絕大的影響」，但由於文章不是專談進化論的，所以魯迅要到日本後讀了丘淺次郎《進化論講話》一書，才明白了進化學說。[19] 該書的第十六章「達爾文以後的進化論」（ダーウィン以後の進化論）第三節正是以「赫胥黎和海克爾」（ハックスレイとヘッケルと）為題目，故此海克爾很可能是魯迅閱讀《進化論講話》時順藤摸瓜的結果。〈人之歷史〉開首這樣介紹海克爾：「德之黑格爾（E. Haeckel）者，猶赫胥黎（T. H. Huxley）然，亦近世達爾文說之

17　原文題為 "Unsere Stammesgeschichte: Monistische Studien über Ursprung und Abstammung des Menschen von den Wirbeltieren, zunächst von den Herrentieren"

18　嚴復翻譯的《天演論》由赫胥黎的兩篇文章組成，分別是講詞〈演化與倫理〉（Evolution and Ethics）和〈導言〉。有關《天演論》背景，參考王道還：〈《天演論》導讀〉，赫胥黎著，嚴復譯：《天演論》（台北：文景書局，2012 年），頁 vii—xxxiii。

19　周作人著，止庵編：《關於魯迅》（烏魯木齊：新疆人民出版社，1997 年），頁431。

謳歌者也」,[20] 説明瞭海克爾是以進化論家的身份進入魯迅視野的,這也是魯迅譯介海克爾著作的最核心部分。不過,除了種族發生學説以外,魯迅是如何看待海克爾的科學、理性觀念呢?海克爾的著作涉及大量有關情感、靈魂、宗教、心物一元論的西方思想爭辯,這些思想如何促發魯迅建構其知識觀念?這些疑問都可以在魯迅同期的文章裏找到線索,從而發現魯迅對於自西方而來的情感與理性討論的立場和回應。

二、探索非理性:〈科學史教篇〉與〈文化偏至論〉

〈人之歷史〉雖有個人評論的加入,但許多觀點和論述還是忠於原著,單憑這篇文章未能全面和確切地理解魯迅對科學、理性的個人看法。相隔半年發表的〈科學史教篇〉是繼〈人之歷史〉之後又一以科學史方式撰寫的論文,集多家學説材料編寫,很能呈現出魯迅對科學、理性與情感的個人看法。這篇文章參考了赫胥黎《科學之進步》(*The Progress of Science*)、丁達爾 (*John Tyndall*, 1820—1893)《貝爾法斯特就職演説》(*Belfast Address*)、《科學的片斷:寫給不懂科學的人們》(*Fragments of Science: For Unscientific People*) 和惠威爾 (William Whewell, 1794—1866)《歸納科學的歷史》(*History of Inductive Sciences*) 等材料編寫而成,學者蔣暉對此有較全面的考察。[21] 下文將論證〈科學史教篇〉補充了魯迅在〈人之歷

20　魯迅:〈人之歷史〉,《魯迅全集》,第 1 卷,頁 8。

21　蔣暉:〈維多利亞時代與中國現代性問題的誕生:重考魯迅《科學史教篇》的資料來源、結構和歷史哲學的命題〉,《西北大學學報 (哲學社會科學版)》,2012年第 42 卷第 1 期,頁 32—42。

史〉裏未有説清楚的科學立場和理性／情感觀念，呈現了與海克爾「理性至上」的相異立場，相反體現出其受到英國科學家林胥黎、丁達爾等客觀唯心主義的影響。

　　魯迅在首段説明瞭寫〈科學史教篇〉的用意：「第相科學歷來發達之繩跡，則勤劬艱苦之影在焉，謂之教訓」。[22] 他希望通過科學史發展找出規律，並作為改良中國清末社會的參考路徑。而這個路徑不是推崇科學或理性，相反，是警惕推崇知識而忽略人的精神。這篇文章反映了魯迅在科學和理性方面的複雜立場，一方面他肯定了科學的功用和當世價值，認為科學進程以及其代表的理性主義能增進「人間生活之幸福」，一方面卻指出這種思潮很可能引致「社會入於偏，日趨而之一極，精神漸失」，而終使破滅臨至。魯迅肯定科學於當世之重要，卻以為若然科學「所宅不堅」，則「頃刻可以蕉萃」，惟有培育「科學者」（scientist）才是長久之策，並稱之為「神聖之光」「照世界者」，認為他們「可以遏末流而生感動」。[23] 所以，〈科學史教篇〉的核心不是推薦某種科學學説或流派，而是在於建立科學者應有的知識觀和方法論。

　　在海克爾的論述中，科學是理性的體現，也是探尋真理的惟一方法，而情感和啟示往往妨礙了理性的運作。但〈科學史教篇〉卻持另一種立場，認為科學需要「熱中」。魯迅參考丁達爾的《貝爾法斯特就職演説》，首先引用惠威爾（魯迅譯

22　魯迅：〈科學史教篇〉，《魯迅全集》，第 1 卷，頁 25。

23　同上註，頁 35。

為華惠爾）在《歸納科學的歷史》中提出的西方學術衰微的四個原因：「一曰思不堅，二曰卑瑣，三曰不假之性，四曰熱中之性」，[24] 即是「觀念不確定」「經院學派的煩瑣哲學」「神祕主義」「單憑熱情而不憑理智的主觀判斷」四者，接着引出丁達爾對「熱中之性」（enthusiasm）一點的修正：

> 丁達爾後出，於第四因有違言，謂熱中妨學，蓋指腦之弱者耳，若其誠強，乃反足以助學。科學者耄，所發見必不多，此非智力衰也，正坐熱中之性漸微故。故人有謂知識的事業，當與道德力分者，此其説為不真，使誠脱是力之鞭策而惟知識之依，則所營為，特可憫者耳。發見之故，此其一也。今更進究發見之深因，則尤有大於此者。蓋科學發見，常受超科學之力，易語以釋之，亦可曰非科學的理想之感動，古今知名之士，概如是矣。闌喀曰，孰輔相人，而使得至真之知識乎？不為真者，不為可知者，蓋理想耳。[25]

魯迅在文章中取用了丁達爾的觀點，實有糾正自十九世紀之交由西方傳入東亞的理性主義思潮之意。對於逐漸形成的主知主義（intellectualism），魯迅反對「知識的事業」成為知識惟一的憑據，重申「熱中」足以助學，科學之發見往往是藉「超科學之力」或「非科學的理想之感動」所得。失卻「熱中」，

24　同上書，頁 29。

25　同上註。這裏提到的闌喀，《魯迅全集》註釋有誤。原註：「闌喀（L. von Lange, 1795—1886）通譯蘭克，德國歷史學家。著有《世界史》《羅馬教皇史》等。」此處英文姓名應作 Leopold von Ranke，《魯迅全集》疑將其與德國物理學家 Ludwig Lange（1863—1936）混同。

則科學衰而思想失。這裏用到的「非科學的理想之感動」，魯迅應參考了日文直譯丁達爾的 "the stimulus of a non-scientific ideal" 一詞。此中「理想」一詞，據井上哲次郎 (1856—1944) 在明治十七年再版的《哲學字彙》中所寫：「Idea：觀念，理想；Ideal：理想的，觀念的」。[26] 岡倉天心 (1863—1913) 在 1903 年寫成的 *The Ideals of the East: wth Special Reference to the Art of Japan* 在 1938 年翻譯為《東洋の理想》，可見日文「理想」一詞與 ideal 一詞是對譯的，[27] 其對應的就是漢語的「理念」「觀念」「(絕對) 精神」。中國「理想」一詞最早見於 1894 年譚嗣同 (1865—1898)《石菊影廬筆識》，是理論、學說之義。1898 年《清議報》的用例則附有註釋：「理想，哲學家語。謂思想其理也。此借用。」[28] 可見當時「理想」是作為新語進入中國，同報另一用例出自梁啟超：「推原吾支那人之此思想之發達自何始，幾無可蹤跡，其源甚遠，但以理想推之，則似濫觴於夏商之際。」[29] 此處「理想」即憑理推想、憑空想像的意思。由於「理想」詞義早期在中、日兩地稍有不對應，比對魯迅早期文章用例，「理想」在大部分情況下與這則用例 (憑理推想、憑空想像) 意思吻合。所以，「非科學的理想之感動」是指一

26　井上哲次郎著，有賀長雄增補：《哲學字彙》(東京：東洋館，1881 年初版，1884 年再版)，頁 54。

27　岡倉天心著，淺野晃譯：《東洋の理想》(東京：創元社，1938 年)。

28　參考自戶井久：《魯迅と「科学」：探検・理想・遺伝》(東京：日本大東文化大學博士論文，2008 年)，頁 44—56。戶井久通過比對魯迅翻譯《月界旅行》採用之詞例及中國清末時期，日本明治時期之用例，指出魯迅採用之「理想」一詞與「實行」對舉，是「想像」的意思。

29　同上註。

種先於科學實證的設想。有趣的是，魯迅並不將這種「理想」推向由邏輯推論主導的「理性」（reason）一端，乃是推向直接感受與反應的一端。他引用德國歷史學家蘭克的話，說明「使得至真之知識」的方法不在求「真」或「可知」，而在於「理想」（想像力）。他又引用赫胥黎的「聖覺」（divine afflatus，即靈感）以說明這種直覺、直感的方法論，並肯定了培根排斥而惠威爾主張的「懸擬」概念（即假設，hypothesis）對科學的正面影響。魯迅說的「理想」，不單是在科學領域上對「聖覺」或「懸擬」的使用，也在於人與社會啟蒙的方面。

〈科學史教篇〉文末的文字沿襲丁達爾的《貝爾法斯特就職演說》。丁達爾針對的是當時英國社會科學與文藝分離的現象，以西方著名的戲劇家、畫家、音樂家、文學家與科學家對舉，點明知識與情志的關係並非對立而是互補：

> The inexorable advance of man's understanding in the path of knowledge, and those unquenchable claims of his moral and emotional nature which the understanding can never satisfy, are here equally set forth. The world embraces not only a Newton, but a Shakespeare—not only a Boyle, but a Raphael—not only a Kant, but a Beethoven—not only a Darwin, but a Carlyle. Not in each of these, but in all, is human nature whole. They are not opposed, but supplementary—not mutually exclusive, but reconcilable.[30]

30　John Tyndall, *Address Delivered Before the British Association Assembled at Belfast* (London: Longmans, Green, 1874), 64–65.

〈科學史教篇〉藉此點明主知主義的弊端，即對感情與思想的破壞，人性亦失去其完整性：

> 蓋使舉世惟知識之崇，人生必大歸於枯寂，如是既久，則美上之感情漓，明敏之思想失，所謂科學，亦同趣於無有矣。故人羣所當希冀要求者，不惟奈端 [按：Newton] 已也，亦希詩人如狹斯丕爾（Shakespeare）。不惟波爾（Boyle），亦希畫師如洛菲羅（Raphaelo）。既有康德，亦必有樂人如培得訶芬（Beethoven）；既有達爾文，亦必有文人如嘉來勒（Garlyle[按：Carlyle]）。凡此者，皆所以致人性於全，不使之偏倚，因以見今日之文明者也。嗟夫，彼人文史實之所垂示，固如是已！ 31

比較兩段引文，魯迅將丁達爾對社會整體發展的論述調向了個人層面。「知識之崇」導致一眾人生均「歸於枯寂」，人類俱失思想和感情，科學亦等同於無有，而文藝能救治當世過度偏倚科學之風氣，保人性之全，此言直是一套人生觀論述。

同年發表的〈文化偏至論〉，對知 / 情的論述更見直接：

> 往所理想，在知見情操，兩皆調整。若主智一派，則在聰明睿智，能移客觀之大世界於主觀之中者。如是思維，迨黑該爾（F. Hegel）出而達其極。若羅曼暨尚古一派，則息乎支培黎（Shaftesbury）承盧騷（J. Rousseau）之後，尚容情感之要求，特必與情操相統一調和，始合其理

31　魯迅：〈科學史教篇〉，《魯迅全集》，第 1 卷，頁 35。底線為筆者所加。

想之人格。而希籟（Fr. Schiller）氏者，乃謂必知感兩性，圓滿無間，然後謂之全人。顧至十九世紀垂終，則理想為之一變。明哲之士，反省於內面者深，因以知古人所設具足調協之人，決不能得之今世。惟有意力軼眾，所當希求，能於情意一端，處現實之世，而有勇猛奮鬥之才，雖屢踣屢僵，終得現其理想：其為人格，如是焉耳。[32]

　　一方面，魯迅延續對情感、情操的關注，援引西方思想家的主張來說明「理想之人格」（此處指「典範」的意思）在於知感調和，一方面卻提出「調協之人」在「現實之世」難以出現，惟以「意力」救正情意一端，方能糾正過度偏重理性的社會現狀。「意力軼眾」者，魯迅首推主張意力的叔本華（Arthur Schopenhauer, 1788-1860），提倡超人哲學的尼采（Friedrich Wilhelm Nietzsche, 1844-1900）和擅寫革命鬥爭的易卜生（Henrik Johan Ibsen, 1828-1906）。這無疑受到了日本當時流行尼采等哲學思想的直接影響，亦可能受到老師章太炎關注叔本華思想的影響。[33] 但魯迅對西方國家（英、法、德）有關理性批判思想的熟悉程度也不容輕視，包括主情思潮與情理調和學說他也有所認識。最終魯迅揚棄這種相對溫和的主張，

32　魯迅：〈文化偏至論〉，《魯迅全集》，第 1 卷，頁 55—56。

33　關於魯迅與尼采的關係，可參考：李冬木：〈留學生周樹人周邊的「尼采」及其周邊〉，《魯迅精神史探源：個人・狂人・國民性》（台北：秀威資訊科技，2019 年），頁 38—86；婁曉凱：《衝突與整合：論具有留學背景的中國現代作家》（台北：秀威資訊科技，2013 年），頁 244—247。另外，章太炎在 1904 前後向佛教接近使之對叔本華哲學產生興趣，尤其反功利主義性質的倫理說及共同感情論。從這點來看，魯迅對於叔本華的關注與章太炎是相近的。參考小林武著，白雨田譯：《章太炎與明治思潮》（上海：上海人民出版社，2018 年），頁 53—72，75—76。

而看重唯意志論（主意主義）的現實意義，則說明瞭他對這場跨民族與文化辯證並不單是「拿來」而已，乃是一種有意識的文化選擇。

　　從〈人之歷史〉到〈科學史教篇〉，魯迅排除了海克爾的主知觀點，對於偏重理性的思潮持批判立場，提倡以「非科學的理想之感動」來推動科學，呼應的是西方對科學、理性的批判與反思。他又採取丁達爾的以文藝來平衡科學之偏至的觀點，提出以情感調和理性的想法，但未敢對此知情統一的觀念抱有太大信心。〈文化偏至論〉在知／情的辯證關係中提出唯意志論的現實意義，將這場跨文化的非理性探索，推向更為深入的層次。

三、神思與心聲：〈摩羅詩力說〉與〈破惡聲論〉

　　〈摩羅詩力說〉發表在 1908 年 2、3 月份，早於同年 6、8 月發表的〈科學史教篇〉〈文化偏至論〉，但 1926 年收入《墳》時卻排在〈人之歷史〉〈科學史教篇〉〈文化偏至論〉之後，這應是按文章理路而作的決定。魯迅在〈摩羅詩力說〉中提出「神思」「心聲」「內曜」等概念，是來源於 1907—1908 年對理性與科學觀念的反思，與 1908 年 12 月發表的〈破惡聲論〉（未完）同樣討論到文藝與理性／非理性的議題，其中有關情的論述，前人很少注意到。[34] 本章認為魯迅對於人的內在與外物互

34　郜元寶曾對魯迅早期論文中「心」的觀念作出分析，聯結至魯迅後來的文學與思想歷程，以及儒家心學傳統的內在關係，本章則傾向將魯迅的心學放置在中西文化間的情感論述之下來討論。

動的想像有助我們理解其情與理性的思考，以下從「心聲」「神思」等詞語的組成和內涵談起，窺視魯迅如何借用中國傳統資源構想及解釋其非理性的現代詩學。

〈摩羅詩力說〉開篇就道明「心聲」與「神思」的效用：「蓋人文之留遺後世者，最有力莫如心聲。古民神思，接天然之閟宮，冥契萬有，與之靈會，道其能道，爰為詩歌。其聲度時劫而入人心，不與緘口同絕。且益曼衍，視其種人」。[35]「心聲」可指言語，揚雄（公元前 53—18）《法言・問神》：「故言，心聲也」，亦可指思想感情與文采，《文心雕龍・誇飾》：「然飾窮其要，則心聲鋒起」。[36] 不用「言」而採「心聲」，實際上強調了訊息傳播過程中的情感流動。魯迅認為古人藉「神思」與萬有相通，其「心聲」化為詩歌，詩力可超越時空，對人類文明作出貢獻。今世能發此「心聲」者，則在「詩人」：

> 蓋詩人者，攖人心者也。凡人之心，無不有詩，如詩人作詩，詩不為詩人獨有，凡一讀其詩，心即會解者，即無不自有詩人之詩。無之何以能解？惟有而未能言，詩人為之語，則握撥一彈，心弦立應，其聲澈於靈府，令有情皆舉其首，如觀曉日，益為之美偉強力高尚發揚，而污濁之平和，以之將破。[37]

魯迅認為人心有共性，但普通人不能表達其心聲，即

35　魯迅：〈摩羅詩力說〉，《魯迅全集》，第 1 卷，頁 65。

36　《漢語大詞典》（上海：漢語大詞典出版社，1998 年），第 7 卷，頁 392—393。

37　魯迅：〈摩羅詩力說〉，《魯迅全集》，第 1 卷，頁 70。

未能「白心」，[38] 故「詩人」職責在於「攖人心」，其「心聲」化為詩以捕捉凡人的心，使之「心弦立應」，產生共振。魯迅以為「攖人心者」首推魔鬼詩派：「摩羅之言，假自天竺，此云天魔，歐人謂之撒但，人本以目裴倫 (G. Byron)。」[39] 除拜倫 (George Gordon Byron, 1788–1824) 外，又有雪萊 (Percy Bysshe Shelley, 1792–1822)，都是十九世紀流行於歐洲的浪漫派。〈破惡聲論〉又稱奧古斯丁 (Aurelius Augustinus, 354–430)、托爾斯泰 (Leo Tolstoy, 1828–1910)、盧梭為「心聲之洋溢者」。[40] 魯迅旨在呼喚中國「精神界之戰士」能發「真之心聲」，能「作至誠之聲，致吾人於善美剛健」和「作溫煦之聲，援吾人出於荒寒」。[41] 與「心聲」同義並列的是「內曜」，〈破惡聲論〉開首：「吾未絕大冀於方來，則思聆知者之心聲而相觀其內曜。內曜者，破黮暗者也；心聲者，離偽詐者也」[42]，「內曜」是魯迅自鑄之辭，與西方 "Enlightenment" 一詞有所相通，均具照亮之意，但更強調自內而外的主體性。文章對「內曜」的闡述不多，不過「心聲」「內曜」這些概念都注重個人的主體

38　「白心」一詞，見於《莊子》《管子》，陸德明釋作「明白其心也」，是表明心願的意思。有關魯迅「白心」說與莊子心學的潛在聯繫，可參考伵同壯：《莊子的「古典新義」與中國美學的現代建構》（廣州：暨南大學出版社，2013 年），頁 74—80。

39　魯迅：〈摩羅詩力說〉，《魯迅全集》，第 1 卷，頁 68。

40　魯迅：〈破惡聲論〉，《魯迅全集》，第 8 卷，頁 29。

41　魯迅：〈摩羅詩力說〉，《魯迅全集》，第 1 卷，頁 102。

42　魯迅：〈破惡聲論〉，《魯迅全集》，第 8 卷，頁 25。

性，冀求於人們發揚主觀情感遠多於探求客觀邏輯。[43]

〈摩羅詩力說〉言：「約翰穆黎［按：John Stuart Mill］曰，近世文明，無不以科學為術，合理為神，功利為鵠。大勢如是，而文章之用益神。所以者何？以能涵養吾人之神思耳。涵養人之神思，即文章之職與用也。」[44]魯迅認為科學、合理（reason）、功利等價值被過分推崇的時候，文藝正能發揮其「不用之用」「涵養人之神思」，啟「人生之誠理」，可見「神思」和文藝有緊密的關係。上文提到「古民神思」能契接萬有，〈破惡聲論〉亦曰：「夫神話之作，本於古民，睹天物之奇觚，則逞神思而施以人化」[45]。「神思」與「理想」「聖覺」義近，和想像力有關，卻具有獨特的傳統意涵。《文心雕龍・神思》：「古人云：『形在江海之上，心存魏闕之下。』神思之謂也。」[46]劉勰藉《莊子》之句以言創作時之思維活動。魯迅從《文心雕龍》裏借用此詞，指陳人類受外物觸動所生的思維和想像。《神思》曰：「神用象通，情變所孕。物以貌求，心以理應。」[47]意思是精神因外物而感通，孕育出變化多端的情思，內心根據情理來回應外物。魯迅有意挪用「神思」一詞，以打開人與外

43　汪暉指出，魯迅所説的「心聲」是一種「通過自我表達而激發」的啟蒙方式，「心聲和啟迪是相互激盪，自我呈現的過程，而不是教誨的過程」，有別於康有為、梁啟超、吳稚輝等人的啟蒙方式。汪暉：〈聲之善惡：甚麼是啟蒙？──重讀魯迅的《破惡聲論》〉，《開放時代》，2010 年第 10 期，頁 84─115。

44　魯迅：〈摩羅詩力説〉，《魯迅全集》，第 1 卷，頁 74。

45　魯迅：〈破惡聲論〉，《魯迅全集》，第 8 卷，頁 32。

46　劉勰著，王運熙、周鋒譯註：《文心雕龍譯註》（上海：上海古籍出版社，2012年），頁 182─183。

47　同上書，頁 187。

物如何構成情感互動的討論。關於這點，〈破惡聲論〉有一段
精彩的論述，引錄如下：

> 夫外緣來會，惟須彌泰岳或不為之搖，此他有情，
> 不能無應。然而厲風過竅，驕陽薄河，受其力者，則咸
> 起損益變易，物性然也。至於有生，應乃愈著，陽氣方
> 動，元駒賁焉，杪秋之至，鳴蟲默焉，習飛蠕動，無不
> 以外緣而異其情狀者，則以生理然也。若夫人類，首出
> 羣倫，其遇外緣而生感動拒受者，雖如他生，然又有其
> 特異。神暢於春，心凝於夏，志沉於蕭索，慮肅於伏藏。
> 情若遷於時矣，顧時則有所迕拒，天時人事，胥無足易
> 其心，誠於中而有言。反其心者，雖天下皆唱而不與之
> 和。其言也，以充實而不可自已故也，以光曜之發於心
> 故也，以波濤之作於腦故也。是故其聲出而天下昭蘇，
> 力或偉於天物，震人間世，使之瞿然。瞿然者，向上之
> 權輿已。蓋惟聲發自心，朕歸於我，而人始自有己。人
> 各有己，而羣之大覺近矣。[48]

這段文字與《文心雕龍・物色》用字相合，卻未得學界
將此聯繫作考慮。[49]《物色》原文：

> 春秋代序，陰陽慘舒。物色之動，心亦搖焉。蓋陽
> 氣萌而玄駒步，陰律凝而丹鳥羞。微蟲猶或入感，四時

48　魯迅：〈破惡聲論〉，《魯迅全集》，第 8 卷，頁 25。

49　據筆者所見，僅有一篇大陸八十年代的期刊論文提到「神暢於春，心凝於夏，
　　志沉於蕭索，慮肅於伏藏」句與《文心雕龍》的〈物色〉〈詮賦〉相關論點「非常
　　接近」，並未對兩文異同作進一步的分析。見蔣祖怡、諸葛志：〈魯迅與《文心
　　雕龍》〉，《社會科學》，1981 年第 4 期，頁 55。

之動物深矣。若夫圭璋挺其惠心，英華秀其清氣。物色相召，人誰獲安？是以<u>獻歲發春，悅豫之情暢。滔滔孟夏，鬱陶之心凝。天高氣清，陰沉之志遠。霰雪無垠，矜肅之慮深</u>。歲有其物，物有其容。情以物遷，辭以情發。[50]

比照兩者，即見〈破惡聲論〉沿用了微蟲（鳴蟲）、玄駒[51]等動物來說明萬物受感的過程，「神暢於春，心凝於夏，志沉於蕭索，慮肅於伏藏」一句也是撮寫而成。但在人類生情、動情的論述之上，魯迅跟劉勰的立場卻顯然有別。由此，〈破惡聲論〉的文辭語境就牽涉到「物色」這個中國抒情傳統的重要概念。

「物色」作為理論術語，有其歷史背景與發展歷程，當中涉及與「感物」概念之異同、佛教觀念「色」的關係、梁代山水詩的特定歷史條件。[52]這一系列的背景都離不開人與外界之間的情感聯結。簡言之，劉勰認為，四季景物的改變使人的心情波動，故，人的情志隨物遷而生，文辭也隨情志而產生。魯迅藉此基礎加以深化，結合叔本華、尼采等西方學說，創

50　劉勰著，王運熙、周鋒譯註：《文心雕龍譯註》，頁 308—309。底線為筆者所加。

51　清朝學者避玄燁名諱，稱玄駒為元駒。「元駒」解法有二，一為當年春天受孕產下的馬駒，一解為螞蟻。

52　參考張靜：〈「物色」：一個彰顯中國抒情傳統發展的理論概念〉，《台大文史哲學報》，第 67 期（2007 年 11 月），頁 39—62。

建出一套極具主體性的現代詩學。[53] 文章首先點出「外緣來會」的時候，世界中心的山巔雖「不為之搖」，但其他「有情」（梵語 sattva，即眾生）則不能沒有反應，昆蟲、雀鳥莫不受「外緣」之力而改變情狀，惟獨人類與其他生物有所不同，能對外緣生「感動」或「拒受」兩者。「情」雖然受季節時令乃至外緣而影響，但也有能力「迁拒」，因此，天時與人事都不足以改變人心，體現出魯迅認為人類應有主觀能動性。「誠於中」是傳統思想裏的君子之道，講求人的內心真誠，魯迅從而引伸出「有言」之「誠」，也就是〈摩羅詩力說〉的「真之心聲」。這種聲音是貫徹情感（心）和思緒（腦）而生的，所以是充實而不受控制的，必須發出以喚醒世界，使之驚駭，這就是社會向上的初始。眾所周知，魯迅對於魏晉文學多有推崇，數次校勘《嵇康集》，又在〈魏晉風度及文章與藥及酒之關係〉稱魏晉為「文學自覺」的時期，重詩人之反抗精神。從此回看〈破惡聲論〉，魯迅挪用物色說以闡發其詩學，乃是情理之中。[54]

　　通過「神思」原生語境的再讀，我們可以發現魯迅挪用此概念是為了解釋和奠定「心聲」的主觀性和獨立性，同時也讓魯迅的「心」學避過了落入程朱理學與王陸心學過於繁雜的爭辯，消除對「舊道德」的聯想，「別求新聲於異邦」以樹立獨

53　這裏採用「現代詩學」一詞，是突顯這種以「心聲」為根本卻有別於傳統的詩學。這種詩學的發生與現代之興起、西學之東漸有直接的扣連，是試圖以文學重構現代主體的一種方式。可參符杰祥：〈當詩學碰觸實學 —— 教父魯迅的現代思想與文學態度〉，《國族迷思：現代中國的道德理想與文學命運》，頁 87—140。

54　有關魯迅對於魏晉南北朝文化的關注，可參考林佳燕：《六朝文學自覺觀念研究》（台北：國立政治大學中國文學研究所碩士論文，2004 年），第二章『「文學自覺觀念」提出之學理基礎：以魯迅為思考中心』，頁 19—70。

異的個體。魯迅以南北朝的物色說為理論基礎，闡發一套以人為中心的文學觀及人生觀：人雖受「外緣」影響卻有能力拒受，「聲發自心，朕歸於我」，人應該回到主觀的個人情感，「羣」的覺醒不在理性或科學，乃始於「心聲」的發揚。

四、回應科玄論戰：〈祝福〉與《苦悶的象徵》

上文提到海克爾著作中不少篇幅用以駁斥宗教的啟示觀念，宣揚以心理學角度認識靈魂屬身體機能之一的學說。魯迅表面上從未直接批判海克爾之說，卻也沒有將這些部分譯介至中國。魯迅到底如何看待海克爾的一元論，特別是其中涉及批判迷信，以科學代宗教的部分？他在科玄論戰中看似沉默的姿態又該如何理解？本節將時間點往後推移，了解魯迅在早期論文中的思考如何延續至二十年代，尤在〈祝福〉與《苦悶的象徵》裏與之呼應。

在 1924 年寫成的小說〈祝福〉裏，魯迅安排了一場關於靈魂之有無的詰問，祥林嫂向受新文化思想啟蒙的敘事者詢問人死後有沒有靈魂，在數番追問之下敘事者發現「我已知道自己也還是完全一個愚人」。[55] 小說揭櫫新知識無法解答世間

55　魯迅，〈祝福〉，《魯迅全集》，第 2 卷，頁 7。

一切的疑問，憑一知半解的偽知識來改造社會反而有害。[56] 此一立場，不僅在 1924 年，即爆發科玄論戰翌年發表的這篇小說可見，早於〈破惡聲論〉一文魯迅已經提出「偽士當去，迷信可存」這個說法，只是早期散佚之緣故，此文至 1938 年才首次收入魯迅文集之中。

文中，魯迅除了用上磷與鬼火作為例子外，另一例子則是細胞與靈魂：

> 若夫自謂其言之尤光大者，則有奉科學為圭臬之輩，稍耳物質之說，即曰：「磷，元素之一也，不為鬼火。」略翻生理之書，即曰：「人體，細胞所合成也，安有靈魂？」知識未能周，而輒欲以所拾質力雜說之至淺而多謬者，解釋萬事。不思事理神閟變化，決不為理科入門一冊之所範圍，依此攻彼，不亦慎乎。[57]

值得注意的是魯迅並未否定靈魂之有或無，否定的是「人體，細胞所合成也，安有靈魂？」這個推論方法，認為它缺乏足以證明其結論的理據。魯迅針對的是「奉科學為圭臬之輩」的偽士，因為他們「不思事理神閟變化」，把思想困限

56　劉禾同樣注意到科玄論戰社會背景與〈祝福〉中對詰情節的關係。她提出將文學寫實主義視為一種生物模仿技術（biomimesis），與科學主義並論，認為小說提出了「生命的真實能否建立在寫實主義的基礎上」的問題，並認為魯迅給予了否定的回答。筆者卻認為，將〈祝福〉的對詰用於討論一種文學形式的問題，反而是將焦點拉遠了。〈祝福〉的核心問題是：生命的真實能否建立在當時「科學知識」的基礎上？本章認為這點可以聯結〈破惡聲論〉得出一致的立場。參考 Lydia Liu, "Life as Form: How Biomimesis Encountered Buddhism in Lu Xun," *The Journal of Asian Studies* 68, no.1 (2009.2): 21–54.

57　魯迅：〈破惡聲論〉，《魯迅全集》，第 8 卷，頁 30。

在粗淺的科學知識。魯迅接着並論海克爾和尼采：

> 夫欲以科學為宗教者，歐西則固有人矣，德之學者
> 黑格爾，研究官品，終立一元之説，其於宗教，則謂當
> 別立理性之神祠，以奉十九世紀三位一體之真者。三位
> 云何？誠善美也。顧仍奉行儀式，俾人易知執着現世，
> 而求精進。至尼佉氏，則刺取達爾文進化之説，掊擊景
> 教，別説超人。雖云據科學為根，而宗教與幻想之臭味
> 不脱，則其張主，特為易信仰，而非滅信仰昭然矣。顧
> 迄今茲，猶不昌大。蓋以科學所底，不極精深，揭是以
> 招眾生，聆之者則未能滿志。惟首唱之士，其思慮學術
> 志行，大都博大淵邃，勇猛堅貞，縱迕時人不懼，才士
> 也夫！[58]

海克爾主張宗教應脱離啟示的基礎，在科學和理性之上
重新建立，反對「人格神」而主張「自然就是上帝」的泛神論，
在本質上是一種新宗教或「變更宗教的面目」。[59] 尼采抨擊基
督教而另立超人之説，同樣是「易信仰」而非「滅信仰」。兩
位人物代表着德國思想史上截然不同方向，前者是理性至上、
機械唯物論的代表人物，思想基調是一種樂觀主義；後者繼
承唯心主義傳統，衝擊既定的秩序和價值，學説具鮮明的虛

58　同上書，頁 30—31。

59　這個説法來自梁漱溟的演講，參引自歐陽軍喜：〈以科學與理性的名義：新文
　　化運動中的海克爾及其學説在中國的傳播〉，《學術研究》，2011 年第 4 期，頁
　　120—127。

無主義色彩（儘管有其積極意義）。[60] 雖然兩種學說彷彿處於光譜的兩端，魯迅卻將兩人並論，原因是他們都沒有否定信仰的價值。魯迅在面對信仰主體之重構問題上，體現了跟老師章太炎很大程度上的一致性。[61] 在科學不精深的環境下，魯迅認為輕率地破除宗教的偽士比有迷信色彩的信仰更為危險。故此，海克爾以科學另立宗教的方式得到魯迅的認同，因為它兼顧了人類的想像力和情感上的需要。可是海克爾批判迷信的觀點卻與〈破惡聲論〉的立場相悖，其靈魂說也未能說服魯迅所相信。[62] 結合上文對神思的分析，不難理解魯迅何以稱雪萊、拜倫等反抗詩人為「新神思宗」，因為在他看來，他們是繼承了古民神思一脈，從神話、信仰、宗教中轉化為文藝形式的新宗。[63]

　　另一線索是魯迅在 1924 年翻譯廚川白村的《苦悶的象

60　參考張芸：〈魯迅早期論文與德國思想界關係初探〉，《魯迅研究月刊》，2004 年第 8 期，頁 65—71。值得補充的是，尼采的虛無主義屬於一種「積極的虛無主義」，旨在「重估一切價值」（revaluation of all values），而不單是瓦解一切價值。

61　林少陽在專著《鼎革以文 —— 清季革命與章太炎「復古」的新文化運動》將「偽士當去，迷信可存」一說聯結至章太炎在 1906 至 1908 年間有關宗教的文章作出分析，闡明瞭魯迅對宗教的思考有受到老師的影響，形容「魯迅認為呼喚宗教 [按：廣義] 為當務之急」，「二人所關心的，都是個體自由以及自主的革命主體建構的問題」。誠之，魯迅將個體與革命主體的建構落實於「心聲」「內曜」概念，提倡以文學為載體，跟章太炎之以「文」重構信仰主體的思路有着一致性。參考林少陽：《鼎革以文 —— 清季革命與章太炎「復古」的新文化運動》（上海：上海人民出版社，2018 年），頁 386—396。

62　魯迅對海克爾學說的質疑也可見於 1919 年〈隨感錄（六六）〉一文。參考張麗華：〈魯迅生命觀中的「進化論」—— 從《新青年》的隨感錄（六六）談起〉，《漢語言文學研究》，2015 年第 2 期，頁 27—32。

63　可參考汪暉：〈聲之善惡：甚麼是啟蒙？—— 重讀魯迅的《破惡聲論》〉，頁 105—109。

徵》。[64] 留意魯迅所寫的引言：

> 作者據伯格森 [按：柏格森] 一流的哲學，以進行
> 不息的生命力為人類生活的根本，又從弗羅特一流的科
> 學，尋出生命力的根柢來，即用以解釋文藝——尤其是
> 文學。然與舊說又小有不同，伯格森以未來為不可測，
> 作者則以詩人為先知，弗羅特 [按：佛洛依德] 歸生命
> 力的根柢於性慾，作者則云即其力的突進和跳躍。這在
> 目下同類的羣書中，殆可以說，既異於科學家似的專斷
> 和哲學家似的玄虛，而且也並無一般文學論者的繁碎。
> 作者自己就很有獨創力的，於是此書也就成為一種創
> 作，而對於文藝，即多有獨到的見地和深刻的會心。[65]

「科學家似的專斷」和「哲學家似的玄虛」正是對應科、
玄兩派。魯迅沒有就論戰中的特定觀點作出評價，而是將論
戰背後的認識論問題帶出，並從文學本位作出回應。《苦悶的
象徵》被魯迅視為一部跨越科學、玄學、文學三個領域，並超

64　梁敏兒將魯迅與《苦悶的象徵》放在中外浪漫主義和神祕主義的脈絡中，疏理
　　了重要思潮與流派。梁敏兒：〈廚川白村與中國現代文學裏的神祕主義〉，《中
　　國文學報》，第 56 冊（1998 年），頁 86—117。梁敏兒：〈影響與共鳴：魯迅、廚
　　川白村、浪漫主義〉，載黎活仁、黃耀堃主編：《方法論於中國古典和現代文學
　　的應用》（香港：香港大學亞洲研究中心，1999 年），頁 101—130。不過，筆者
　　以為梁氏文中提到「魯迅非常注意廚川拒絕接受非理性思潮的傾向」一點值得
　　商榷。儘管廚川對於柏格森學說中的不可知論有所反對，但整套象徵學說都強
　　調「心象」之重要，反對現實主義之餘，對於理性主義的反動也很明顯。於今天
　　看來，要屬非理性思潮之一脈，故而精確來說，廚川拒絕的只是柏格森學說中
　　的不可知論，不是非理性思潮。見〈影響與共鳴：魯迅、廚川白村、浪漫主義〉，
　　頁 110。

65　魯迅：〈《苦悶的象徵》引言〉（1924 年 11 月 22 日），載廚川白村著，魯迅譯：《苦
　　悶的象徵》（台北：五南，2016 年），頁 3—4。底線為筆者所加。

越各自流弊的論著。其中,「科學家似的專斷」和「哲學家似的玄虛」屬於立論層面,涉及認識論的問題:柏格森的生命之流學說與佛洛依德 (Sigmund Freud, 1859-1939) 的無意識、升華理論,在現代分科的視野裏是分屬不同領域的,恰好代表着中國玄學、科學兩種立場的聲音。這種現代分科視野當時在中、日兩地都已經存在,只是日本走得更前,在大正時期發展出生命主義的潮流,嘗試去超越機械論、目的論等實證主義的思想,還原生命本身。廚川白村的著作是生命主義之典型,《苦悶的象徵》當中的「生命共感」「生命之力」等也受到中國作家的關注。[66] 在 1924 年的語境中,魯迅注重的其中一面就是《苦悶的象徵》匯集了科學和玄學兩種資源,打造了新的文藝論述,成一家之言。更引人入勝的是,這套文藝論跟〈摩羅詩力說〉〈破惡聲論〉中的「神思」「心聲」直接呼應。

《苦悶的象徵》認為人類生活由兩種力構成,柏格森哲學中講到的「生命的力」與佛洛依德理論中的「強制壓抑之力」,而「在兩種的力之間,苦惱掙扎的狀態,就是人類生活」。[67] 廚川要提出的是「創造創作」「並非單是摹寫,也不是模仿」,而是要描寫自己的「心象」。他認為必須統一主觀與客觀,整合理想與現實的態度或方式,才能捕捉到「大自然大生命的真髓」,並發現「作家的真生命」。[68] 在「鑑賞論」中,廚川如此定義「生命」:「生命者,是遍在於宇宙人生的大生命。因為這是

66　可參考工藤貴正在 2017 年發表的有關「廚川白村現象在中國」的研究。

67　廚川白村著,魯迅譯:《苦悶的象徵》,頁 13

68　同上書,頁 50—51。

經由個人，成為藝術的個性而被表現的，所以那個性的別半
面，也總得有大的普遍性」。[69]「普遍性／共通性」在《苦悶的
象徵》佔據了非常重要的位置，與〈破惡聲論〉的「心聲」意念
相通。廚川認為「共通性」（魯迅譯為「共通的人性」「人的普
遍性共通性」「生命的共感」「生命的共鳴」等）構成了人類不
同生命內容互相構通的可能：

> 人和人之間，是具有足以呼起生命的共感的共通內
> 容存在的。那心理學家所稱為「無意識」「前意識」「意
> 識」那些東西的總量，用我的話來說，便是生命的內
> 容。因為作家和讀者的生命內容有共通性共感性，所以
> 這就因了稱為象徵這一種具有刺激性暗示性的媒介物的
> 作用而起共鳴作用。[70]

基於這種共通性，藝術（文藝）的鑑賞論才成為可能。
象徵因而成為了作家與讀者之間的媒介物，作家透過象徵，
將暗示給予讀者，讀者應之而共鳴，「在讀者的胸中，也燃起
一樣的生命的火」，「只要單受了那刺激，讀者也就自行燃燒
起來」，形成生命的律動（rhythm）。[71]

廚川將文藝鑑賞分為四個階段，先是「理知（intellect）
的作用」，其次是「感覺的作用」，然後是「感覺的心象」，最

69　同上書，頁 61。

70　同上書，頁 61—62

71　不過，廚川又承認，對於無法跟作者有共感生命的「低級讀者」，卻無法互通，
　　鑑賞論也就不能成立。因此，「低級讀者」首先要提升自己的生命內容，才能在
　　鑑賞中有所共鳴。

後是「情緒、思想、精神、心氣」。第一階段大抵是關於文句、情節的邏輯，作品假如只停留在此階段，則只能滿足低級讀者的趣味。第二階段是關於五感的，文學尤其重視聽覺上的體驗。第三階段是將感覺訴諸於想像，使姿態、景況、音響等在心中躍動。廚川說，以上三個階段都只是「象徵的外形」，並未超越「道理和物質和感覺的世界」，未能「更加深邃地肉薄突進到讀者心中深處的無意識心理」。必要到達第四階段，即「情緒、思想、精神、心氣」的層次，才能體現藝術的終極目的：「經作品而顯現的作家的人生觀、社會觀、自然觀，或者宗教信念，進了這第四階段，乃觸着讀者的體驗的世界。」這一階段「包含着在人類有意義的一切東西」，而廚川認為康德對美感的討論也正是嘗試說明這一層。[72] 人可以在這裏將自我與宇宙「交感」，並發現生命的意義：

> 作為個性的根柢的那生命，即是遍在於全實在全宇宙的永遠的大生命的洪流。所以在個性的別一半面，總該有普遍性，有共通性。用譬喻說，則正如一株樹的花和實和葉等，每一朵每一粒每一片，都各各儘量地保有個性，帶着存在的意義。每朵花每片葉，各各經過獨自的存在，這一完，就凋落了。但因為這都是根本的那一株謝的生命，成為個性而出現的東西，所以在每一片葉，或每一朵花，每一粒實，無不各有共通普遍的生命。一切的藝術底鑑賞即共鳴共感，就以這普遍性、共

72　同上書，頁 91—93。

通性、永久性作為基礎而成立的。[73]

　　待到在自我的根柢中的真生命和宇宙的大生命相交感，真的藝術鑑賞乃於是成立。這就是不單是認識事象，乃是將一切收納在自己的體驗中而深味之。這時所得的東西，則非 knowledge，而是 wisdom，非 fact 而是 truth，而又在有限（finite）中見無限（infinite），在「物」中見「心」。這就是自己活在對象之中，也就是在對象中發現自己。列斯（Th. Lipps）一派的美學者們以為美感的根柢的那感情移入（Einfuehlung）的學說，也無非即指這心境。[74]

可見廚川對於情感的重視，他並不認同物界之認識可以取代心象，個體生命與宇宙真理的契合不靠知識而是憑體驗。他又提到，作者有別於科學家、歷史家、哲學家，並非要給予知識，而是要藉象徵（即現於作品上的事象的刺激力）使讀者發現自己的生活內容。[75] 他沿用拉丁文中的 "Vates" 一詞，指出詩人即「預言者」「代神叫喊者」，但所謂神或靈感（inspiration）是在人類以外不存在的，是「民眾的內部生命的慾求」「潛伏在無意識心理的陰影裏的『生』的要求」。藝術之來由就是從「那無意識心理的慾望，發揮出絕對自己的創造性，成為取了美的夢之形的『詩』的藝術，而被表現。」[76]

73　同上書，頁 60。

74　同上書，頁 84。

75　同上書，頁 69—70。

76　同上書，頁 107。

　　廚川之言與魯迅早期論文的想法相近。〈摩羅詩力說〉言詩不為詩人獨有，乃人之共性，詩人「攖人心」以產生共振，與廚川一再強調藝術鑑賞建基於人類共通性的原理一致。〈破惡聲論〉形容神話乃古民「睹天物之奇觚，則逞神思而施以人化」，〈摩羅詩力說〉的「古民神思，接天然之閟宮，冥契萬有，與之靈會，道其能道，爰為詩歌」，亦與廚川所說「無意識心理的慾望」之表現構成詩極其相近。從這個角度看，魯迅 1924 年翻譯《苦悶的象徵》，豈是偶然？乃其對科玄論戰的一種回應。

五、結語

　　自十八世紀以降西方學人反覆思考何謂啟蒙，例如康德在〈回答這個問題：甚麼是啟蒙？〉(*Beantwortung der Frage: Was ist Aufklärung?* , 1784) 提出啟蒙即勇於探知 (Sapere aude; Dare to know) 並帶出理性的應用問題，[77] 霍克海默 (Max Horkheimer, 1895-1973) 和阿多諾 (Theodor Adorno, 1903-1969) 在《啟蒙的辯證：哲學的片簡》(*Dialektik der Aufklärung: Philosophische Fragmente*, 1947) 則認為啟蒙的根本在於世界的除魅 (Entzauberung)，破除神話並以實證知識顛覆幻想，但理性主體及知識體系最終卻宰制了自然。[78] 在此

---

[77]　Immanuel Kant, "Answer to the Question: What is Enlightenment?" (Beantwortung der Frage: Was ist Aufklärung?), Mary C. Smith, trans., from Columbia University Sources of Medieval History web-site, http://www.columbia.edu/acis/ets/CCREAD/etscc/kant.html.

[78]　Max Horkheimer and Theodor Adorno, "The Concept of Enlightenment," in *Dialectic of Enlightenment: Philosophical Fragments,* ed. Gunzelin Schmid Noerr, trans. Edmund Jephcott (Stanford, California: Stanford University Press, 2002), 1-34.

角度之下，魯迅對於神話宗教、科學新知的省思，不單是處理清末社會的啟蒙問題，更是呼應着全球面對的啟蒙問題，實屬歐亞啟蒙運動聯結之一環，本章藉此為魯迅的「提倡啟蒙，超越啟蒙」添上了另一維度。[79]

　　情感與理性的辯證討論在十八、十九世紀之交隨西學東漸，直接參與了中國知識分子的啟蒙想像與論述的建構過程。魯迅作為早期赴日留學的知識分子，他對此議題的接受與回應反映了中國一方最初的反響。通過將魯迅的五篇論文還原於跨文化的語境之下，我們得見他在閱讀以海克爾為代表的理性至上思潮時，不僅沒有單向接受，反而在不同國家、理論學派、知識範疇的紛紜雜說中整理出西方思想流變脈絡之大概，在知、情、意之間有意識地作出了文化選擇，又援引中國傳統概念來確立其現代詩學主張及知識觀。

79　八十年代，李澤厚提出以「提倡啟蒙，超越啟蒙」來評價魯迅，認為他不只喚醒民眾，也展示了個人孤獨存在的內心，因而超越啟蒙。本章則補充魯迅在西方學術淵源下為啟蒙提出一己之見解，應視為全球啟蒙之辯證歷程的貢獻。見李澤厚：《中國現代思想史論》(北京：東方出版社，1987 年)，頁 111—121。

第二章

以科學代宗教：
陳獨秀與海克爾的「一元宗教」

從十七、十八世紀前後的啟蒙與反啟蒙運動和科學革命以降，科學與宗教、理性與情感一直是歐洲學術界熱烈討論的話題。例如德雷伯（John William Draper, 1811-1882）的 *History of the Conflict between Religion and Science*（1874）以及懷特（Andrew Dickson White, 1832-1918）的 *A History of the Warfare of Science with Theology in Christendom*（1896）就為此開下先河，科學與宗教的相關討論至今不絕。[1] 應當說明的是，科學與理性經常結伴，應無異議，但宗教不必然只靠情感，[2] 可是五四時期部分文化人傾向認為宗教依賴情感而不理性。至於中國的情理傳統，儒學與情感的關係密切，儘管不同時代、不同流派各有其主張，對於儒學為理性主義還是非理性主義有所爭論，卻具有一個共同點，就是尋求情感與理性的統一，而不是主張兩者對立。[3] 這跟西方傾向於將兩者對立的思考方式有所不同。因此，當東西文化相遇之際，情感與理性的辯證成為了五四時代轉化或建立新知識體系時必要面對的公共議題。對此，既有梁啟超、朱謙之等積極比較或調和東西文化的進路，也有陳獨秀這種激烈抗拒傳統而尋求外來文化的路線，後來也有以中國傳統回應西方思潮的新儒家。

1　John William Draper, *History of the Conflict between Religion and Science* (New York: D. Appleton & Company, 1875). Andrew Dickson White, *A History of the Warfare of Science with Theology in Christendom* (New York: D. Appleton & Company, 1897), vol. 1-2.

2　例如前章提及的井上圓了（1858—1919）就是主張有智力情感全的宗教。新儒家也主張情理合一而不是分離或對立，在五四時期以方東美為代表。彭小妍：《唯情與理性的辯證：五四的反啟蒙》，頁 299—352。

3　有關儒學的情感與理性問題，蒙培元的研究較為詳盡。見蒙培元：《情感與理性》（北京：中國社會科學出版社，2002 年），頁 2，18—19。

五四的啟蒙與反啟蒙辯證以 1923—1924 年爆發的科玄論戰和唯情哲學討論為高潮，而陳獨秀正是科玄論戰中唯物史觀派的領軍人物，與瞿秋白（1899—1935）、鄧中夏（1894—1933）等代表着馬克思主義陣營以「新科學」的姿態與科學派、人生觀派分立。本章以陳獨秀在五四運動前夕的思想翻譯為個案，以德國自然科學兼哲學家海克爾的學說為中心，探究五四時期的理性論述是如何在西學背景下開展與流變。並提出他將海克爾一元論的泛神傾向過濾掉，改造成無神論以配合其「以科學代宗教」論述，逐步構建科學至上的威權。

一、「科學」觀念與替代宗教

陳獨秀在 1901—1914 年間多次赴日本學習或辦報，接觸到西方思潮，在 1915 年回國後開始宣揚科學思想，其〈現代歐洲文藝史譚〉有言：「科學大興，宇宙人生之真相，日益暴露。」[4] 當年 9 月《青年雜誌》創刊號發表〈敬告青年〉就推舉科學為「說明真理」的方法，宣告「宗教美文」為「想像時代之產物」，不合時宜，並以為今後之社會「舉凡一事之興，一物之細，罔不訴之科學法則」，「一遵理性，而迷信斬焉」。[5] 但此時他只是輕輕觸及宗教，並未將科學與宗教兩者明確地對立起來。同年的〈法蘭西人與近世文明〉論及宗教（基督教）亦陳其正反兩面：「宗教之功，勝殘勸善，未嘗無益於人羣；

4　陳獨秀：〈現代歐洲文藝史譚〉，載任建樹主編：《陳獨秀著作選編》（上海：上海人民出版社，2009 年），第 1 卷，頁 182。

5　陳獨秀：〈敬告青年〉，《陳獨秀著作選編》，第 1 卷，頁 161—162。

然其迷信神權，蔽塞人智，是所短也。」[6] 可見他肯定基督教之勸善價值。在〈《絳紗記》序〉〈今日之教育方針〉中，他主張基督教勝於佛、孔兩教。[7] 直至 1917 年的〈再論孔教問題〉，他才將科學、宗教兩者對立，提出「以科學代宗教說」：

> 人類將來真實之信解行證，必以科學為正軌，一切宗教，皆在廢棄之列。其理由頗繁，姑略言之。蓋宇宙間之法則有二：一曰自然法，一曰人為法。自然法者，普遍的，永久的，必然的也，科學屬之；人為法者，部分的，一時的，當然的也，宗教道德法律皆屬之。無食則飢，衰老則死，此全部生物永久必然之事，決非一部分一時期當然遵循者。若夫禮拜耶和華，臣殉君，妻殉夫，早婚有罰，此等人為之法，皆只行之一國土一時期，決非普遍永久必然者。人類將來之進化，應隨今日方始萌芽之科學，日漸發達，改正一切人為法則，使與自然法則有同等之效力，然後宇宙人生，真正契合。此非吾人最大最終之目的乎？或謂宇宙人生之祕密，非科學所可解，決疑釋憂，厥惟宗教。余則以為科學之進步，前途尚遠。吾人未可以今日之科學自畫，謂為終難決疑。反之，宗教之能使人解脫者，余則以為必先自欺，始克自解，非真解也。真能決疑，厥惟科學。故余主張以科學代宗教，開拓吾人真實之信仰，雖緩終達。若迷信宗教以求解脫，直「欲速則不達」而已！[8]

6　陳獨秀：〈法蘭西人與近世文明〉，《陳獨秀著作選編》，第 1 卷，頁 164—166。

7　分別載《陳獨秀著作選編》，第 1 卷，頁 156—157，頁 170—175。

8　陳獨秀：〈再論孔教問題〉，《陳獨秀著作選編》，第 1 卷，頁 278。

陳獨秀認為，宇宙人生之祕密得求於永久之「自然法」而非一時之「人為法」，科學有「改正一點人為法則，使與自然法則有同等之效力」之作用，宇宙、人生始能真正契合。他主張中國必須廢棄宗教，代之以科學，方能使「開拓吾人真實之信仰」。這種獨異的想法不是憑空生來的，乃是受到了德國生物學家海克爾的影響。1918 年陳獨秀的〈偶像破壞論〉寫道：「一切宗教，都是一種騙人的偶像 [……] 都應該破壞！」[9] 呼籲人們追求「真實的」「合理的」信仰，即實證科學。其實，取代宗教是啟蒙運動中許多不同思潮流派的共通點之一，例如王國維 (1877—1927)〈去毒篇〉(1906)：「其道安在？則宗教與美術二者是。前者適於下流社會，後者適於上等社會；前者所以鼓國民之希望，後者所以供國民之慰藉。[……] 美術者，上流社會之宗教。」[10] 蔡元培 (1868—1940) 在 1915 年提出「以文學美術之涵養，代舊教之祈禱」的想法，[11] 又在 1917 年 4 月8 日北京神州學會演講提出「以美育代宗教」的口號。[12] 要言之，王、蔡二人是都看重於美育具統合情感與理智之功能，冀望藉此取代宗教在追求形而上價值 (美、善) 的功能，傾重於「情志」的繼承。在此脈絡下，陳獨秀提出以科學代宗教，可謂「知」的反動，代表着五四啟蒙的另一路徑。

9　陳獨秀：〈偶像破壞論〉，《陳獨秀著作選編》，第 1 卷，頁 422—423。

10　王國維：〈去毒篇〉，《王國維先生全集初編》(台北：大通書局有限公司，1976 年)，第 5 卷，頁 1942—1948。

11　蔡元培：〈哲學大綱〉，載中國蔡元培研究會編：《蔡元培全集》(杭州：浙江教育出版社，1997 年)，第 2 卷，頁 340。

12　蔡元培：〈以美育代宗教說〉，《新青年》，第 3 卷第 6 期 (1917 年 8 月)，頁 10—14。

　　陳獨秀在五四以後對宗教的看法曾經兩度轉變，這裏也簡單交代一下，以便聯結陳獨秀宗教觀的轉向與海克爾一元論的內在影響關係。[13] 在五四運動發生不久，陳獨秀因派發《北京市民宣言》傳單而被逮捕入獄三個月，期間無書報可讀，僅有一本《聖經》在旁。他讀後受基督耶穌的捨己精神而感動，[14] 並於 1920 年發表的〈基督教與中國人〉肯定希臘以來的「美的情感」與基督教「信與愛的情感」，主張「把耶穌崇高的、偉大的人格，和熱烈的、深厚的情感，培養在我們的血裏」，「耶穌的人格、情感是 (1) 崇高的犧牲精神，(2) 偉大的寬恕精神，(3) 平等的博愛精神」。[15] 他說這三種精神，「科學家不曾破壞，將來也不會破壞」，也就是承認了情感有超越科學、理性的位置。同樣在〈新文化運動是甚麼？〉中陳獨秀也主張「人類底行為動作，［⋯⋯］知識固然可能居間指導，真正反應進行底司令，最大的部分還是本能上的感情衝動。」[16] 此時，陳獨秀反對宗教儀式與拜物，但肯定了人類對於宗教和情感的需要，公開「認錯」。不過，他的態度隨後轉得複雜。1922年，他與共產國際合作，以中共中央領導人的身份協助策動「非基督教運動」，[17] 態度頗為曖昧，對於正反兩方立場都不完全贊同，他認為在帝國主義、資本主義的侵略之下情感需要

13　有關「陳獨秀與基督教」的課題，可參考沈寂：〈陳獨秀與基督教〉，《陳獨秀傳論》（合肥：安徽大學出版社，2007 年），頁 318—332。

14　參自唐寶林：《陳獨秀全傳》（香港：香港中文大學出版社，2011 年），頁 133。

15　陳獨秀：〈基督教與中國人〉，《陳獨秀著作選編》，第 2 卷，頁 175—182。

16　陳獨秀：〈新文化運動是甚麼？〉，《陳獨秀著作選編》，第 2 卷，頁 217—221。

17　陶飛亞：〈共產國際代表與中國非基督教運動〉，《近代史研究》，2003 年第 5 期，頁 114—136。

克制一點，建議基督教教義與教會分開討論，反基督教會但不反宗教性，以為「一切學說（主義）到極篤的時候，便多少有點宗教性」。[18] 及後，他在科玄論戰中採用唯物史觀以證明「科學之威權是萬能的」，又稱「離開了物質一元論，科學便瀕於破產」。[19] 以上可見，陳獨秀的宗教觀在此期間一直演變，其中不離對情感與理性的辯證思考。若循此一視角探視，必先要處理的是其「科學」「理性」觀念是如何建構的，包括外來思潮之接受與內在調整以適應中國的部分。

二、海克爾一元學說的傳入

在上一章，本書已說明瞭海克爾的一元學說如何在十九、二十世紀之交流行於德國，其著作及後傳至日本與中國。他的學說也在當時日本其他宗教與科學著作中有專章討論，包括加藤弘之（1836—1916）的《自然と倫理》，三井芳太郎的《科学と宗教》，海老名弾正（1856—1937）的《基督教十講》等。[20]

在中文方面，最早的翻譯應是魯迅 1907 年在日本東京《河南》月刊第一號上的〈人間之歷史〉，署名令飛，是《宇宙

18　陳獨秀：〈基督教與基督教會〉，《陳獨秀著作選編》，第 2 卷，頁 430—431。又參考：徐光壽：〈陳獨秀與基督教〉，《學術界》，1994 年第 3 期，頁 43—48。沈寂：〈陳獨秀與基督教〉，《陳獨秀傳論》，頁 330—332。

19　陳獨秀：〈答適之〉，《陳獨秀著作選編》，第 3 卷，頁 166—169。

20　加藤弘之：《自然と倫理》（東京：実業之日本社，1912 年）。三井芳太郎：《科学と宗教》（東京：警醒社書店，1914 年）。海老名弾正：《基督教十講》（東京：警醒社書店，1915 年）。

之謎》一書的第五章整章翻譯。近十年後，馬君武（1881—
1940）是第二位翻譯海克爾學說的人物。他在 1916 年着手翻
譯《宇宙之謎》，在《新青年》第 2 卷第 2 期起連載，但後來因
事中止，只刊出第一章的翻譯，他後來在 1920 年將全書譯出
並出版《赫克爾一元哲學》。[21] 此外，除了下文會談的陳獨秀
之外，另一位也翻譯過海克爾的是劉叔雅（1889—1958），他
也是丘淺次郎《進化學講話》（1904）、《進化と人生》（1906）
的中譯者。他在 1919 年參與靈學論爭，當時陳獨秀也參與其
中。[22] 劉叔雅相信海克爾的一元哲學才是惟一可解決中國迷信
困局的方案，譯出《生命之不可思議》第三章，題為〈靈異論〉
並刊於《新青年》。[23] 以上是海克爾學說在五四時期最主要的
幾位翻譯者。此外值得一提的是，海克爾學說在中國的歷程
裏，不但影響了五四一代知識分子，也影響了後來的中國最
高領導人毛澤東（1893—1976），並在文化大革命期間由復旦

21　馬君武的〈赫克爾之一元哲學（第一章：人類學）〉於《新青年》在第 2 卷第 2 期
　　起連載，至第 5 期刊完第一章後因與陳獨秀政見不合中止。有關馬君武停止供
　　稿之始末，見陳獨秀：〈隨感錄・廿二〉，《新青年》，第 5 卷第 2 期（1918 年 8
　　月），頁 156—157，又參考楊琥：〈同鄉、同門、同事、同道：社會交往與思想
　　交融——《新青年》主要撰稿人的構成與聚合途徑〉，《近代史研究》，2009 年
　　第 1 期，頁 54—72。

22　有關靈學論爭，可參考陳方競：〈批靈學破鬼相：新文化倡導中的一場硬仗〉，
　　《學術研究》，2013 年第 7 期，頁 134—139，147。

23　海克爾著，劉叔雅譯：〈靈異論〉，《新青年》，第 6 卷第 2 期（1919 年），頁 25—
　　32。

理科大批判組着手翻譯及出版《宇宙之謎》一書。[24] 儘管海克爾在今日的科學史上逐漸被淡忘，但其學説對中國產生過的影響，有可能比我們想像的還要大。

三、陳獨秀〈科學與基督教〉的文化選擇

承上文所述，馬君武因政見而中止提供《宇宙之謎》譯稿予《新青年》後，陳獨秀就「破例」親自翻譯過其中一整章，分兩期刊登。[25]〈科學與基督教〉是《宇宙之謎》第十七章整章的翻譯，此章原題目就是「科學與基督教」(Wissenschaft und Christentum)，刊登在《新青年》第 3 卷第 6 期、第 4 卷第 1 期上。之所以説是「破例」，原因是陳獨秀在辦《新青年》(1915—1922) 期間僅翻譯過五篇作品，包括法國作家 Max O'Rell (1848-1903) 的《婦人觀》節譯，法國歷史學家薛紐伯 (Charles Seignobos, 1854-1942) 的《現代文明史》第三章，印度詩人泰戈爾 (Rabindranath Tagore, 1861-1941) 的詩〈讚歌〉，美國著名的讚歌《亞美利加》和海克爾〈科學與基督教〉。首兩篇篇幅較長的發表在第 1 期上，接着第 2 期只能發表兩

24　有關毛澤東與海克爾《宇宙之謎》的資料，可參考以下袁志英的兩篇文章，其中記述毛澤東下令翻譯此書的背景與過程，以及 1975 年德國《世界報》有關西德總理訪華的報導中提及毛澤東對海克爾的唯物主義深感興趣。袁志英：〈毛澤東和《宇宙之謎》——三十年前翻譯海克爾的《宇宙之謎》之謎〉，《德國研究》，第 17 卷，2002 年第 3 期，頁 55—57。袁志英：〈《宇宙之謎》與海克爾其人〉，《德國研究》，第 18 卷，2003 年第 2 期，頁 43—50。

25　海克爾著，陳獨秀譯：〈科學與基督教〉，《新青年》，第 3 卷第 6 期，1917 年 8 月，頁 48—52；第 4 卷第 1 期，1918 年 1 月，頁 56—61。兩期相隔數月，原因是出版社因雜誌虧本而希望停印，陳獨秀努力幹旋之下雜誌停刊了四個月後繼續刊行。

首篇幅較短的讚歌。陳獨秀忙於編務及撰寫社論文章，因此將《新青年》的翻譯工作主要交託給姪兒陳嘏，後來又有薛琪瑛、胡適、劉半農（1891-1934）等譯者陸續加入，而他自己基本上就不做翻譯了。在此背景下，這篇〈科學與基督教〉的翻譯就值得我們重新關注，了解是甚麼驅使陳獨秀下決心親自操刀翻譯。

正如上文提及，海克爾學說其實是一元論為核心的價值體系，牽涉範圍甚廣，包括人類學及生物學知識、科學方法、靈魂、宗教信仰、宗教史、社會等面向。因此，翻譯者即使翻譯的是同一本書，但選擇的內容以及側重點也有所不同。以下概述《宇宙之謎》的章節內容，從而說明陳獨秀的翻譯意圖所在。

綜觀《宇宙之謎》各章，除了首尾兩章分別是全書概論和結論之外，大概可分為四個主要部分：第二至五章討論「人類」（Mensch），包括解剖學、胎生學對於人體和生命的理解；第六至十一章討論「靈魂」（Seele，或譯「精神」），包括心理學對意識的研究；第十二至十五章討論「世界」（Welt），包括物質定律、進化論等；第十六至十九章論「上帝」（Gott），包括基督教在歐洲發展的歷史和一元宗教。從文化選擇的角度作出審視的話，我們除了發現海克爾的反宗教論述與陳獨秀的思路有相合之處以外，還會察覺到，有兩種論述儘管都在海克爾學說中佔一定分量，卻沒有得到陳獨秀的引進：對於人體或心理的科學理論和一元宗教論述。前者可投射出陳獨秀建構之「科學」觀念的特點，後者涉及他對中國這場科學與

宗教思辨的終極追求。

　　關於第一點，即陳獨秀對於《宇宙之謎》裏的大部分自然科學知識、理論、方法及歷史都沒有表示出很大的興趣，這一點跟魯迅很不同，折射出兩人之差異。魯迅翻譯的《宇宙之謎》第五章將海克爾定位為自然科學家，關注點落在海克爾寫的科學歷史及方法，但對其一元哲學思想不以為然，尤其對於當中科學至上的思想有所保留。魯迅同期所寫的〈破惡聲論〉提出「偽士當去，迷信可存」，正是回應到海克爾學說，指出在科學不精深的環境下，比起對形而上信仰之需求，輕率地破除宗教的偽士更為危險。[26] 同樣是關注於科學，但陳獨秀側重於科學與社會學聯結的面向，特別是對於近代自然科學知識與基督教世界觀的衝突問題。

　　至於第二點，即其一元宗教論述，則要概述原書討論上帝的部分（第十六至十九章），分析〈科學與基督教〉在原文脈絡的意義，從而說明陳獨秀的翻譯具有特定的意圖，可說是對海克爾學說的過濾或改寫。《宇宙之謎》第十六章「知識及信仰」討論人體認知系統中感覺機能的功能和局限，引伸出如何獲取知識的思考，是西方近代哲學的關注點。第十七章「科學與基督教」認為基督教「其根本反對理性與科學」，將基督教文明史分為最古之基督教（Urchristentum）、羅馬教（Papismus）、宗教改革（Reformation）和近代之偽基督教

26　此處之「迷信」應解為「形上的需求，超越於物質生活的需求」。參考汪暉：〈聲之善惡：甚麼是啟蒙？——重讀魯迅的《破惡聲論》〉，頁 102—103。

（Scheinchristentum）四階段。他認為由最古之基督教發展至羅馬教，「基督教置信仰於理性之上」，「視理性為應盲信仰之物」。馬丁‧路德（Martin Luther, 1483-1546）推行「宗教改革」以後將理性從羅馬教之牢獄解脫出來，使「人間思想界開自由之路」，但仍不脫基督教之教義和觀念。直至十八、十九世紀自曲吷耶（George Cuvier, 1769-1832，今譯喬治‧居維葉）之解剖學，拉馬爾克（Jean-Baptiste Lamarck, 1744-1829，今譯拉馬克）之動物哲學等「一元論的自然哲學」學說的出現，基督教便已「失其根底」，其外部形式與「政治上實際之要求相結合」，成為了「偽基督教」。這章以科學否定基督教的社會地位，認為基督教有改革之必要，並初步提出基督教中部分道德倫理的內容可以成為一元宗教的要素。至於一元宗教如何設立的種種細節，則在第十八章才一一談到。

第十八章的題目就是「一元宗教」。海克爾最為人熟悉的一段話也在此章提出：

> 欲達此最高目的，近世之自然科學，不惟當摧破迷信之虛室，掃除其摧殘之瓦礫，更須就此空地上建造人類感情之新居室，為良知之一宮殿。因吾儕所得一元的世界觀念，以崇拜十九世紀之真正三位一體說，即真善美之三位一體是也。[27]

海克爾認為真、善、美三女神就是一元宗教崇拜的對象，要透過科學實驗尋求真理，參考最古之基督教之道德，

27　海克爾著，馬君武譯：《赫克爾一元哲學》，頁 304。

調和自利主義與利他主義而得出善，如實地觀察自然界（甚至用顯微鏡）並輔以美術、詩歌與音樂來達到美。雖然他認為自然界內真善美無處不在，惟許多人仍有崇拜祈禱物的感情需要，故而建議保留基督教堂而改建為一元教堂。這章顯然是以一元宗教的具體實踐方案為重點。第十九章「一元倫理」則針對當時歐洲的倫理學說展開辯證，回應康德、新康德學派、斯賓塞（Herbert Spencer, 1820-1903）等學說，又駁斥基督教倫理觀念。

以上可見，第十六章是關於生物學、心理學和知識論的話題，非陳獨秀關心所在，第十九章與西方學界眾說對話，也沒有很必要翻譯到中國。關鍵在於，第十七、十八兩章在原書的聯繫性很強，十七章以科學啟蒙的角度否定基督教的社會地位，十八章談具體可以如何實踐一元宗教，一破一立是互相呼應的。陳獨秀選擇譯介前者，但對於書中頗為核心的「一元宗教」一章則不曾介紹，透露出他對此主張持保留或質疑的態度。

基本上，海克爾認為科學與理性之重要性遠超情感，情感（Gemüt）和啟示（Offenbarung）都不是得到真理的方法，情感更會妨礙理性，惟有通過感官活動和理性活動（Sinnestätigkeit und Vernunfttätigkeit），才能掌握真理。惟獨在討論一元宗教的部分，海克爾才對於情感有較為寬容的態度，認為可以在科學與理性的主導之下，滿足人類情感的需要，而這種膜拜自然（Natur）的行為也帶着泛神論的傾向。有趣

的是，當海克爾學說中流露出這種與歌德、斯賓諾莎等共通的神祕色彩的時候，陳獨秀不但馬上察覺到，而且加以排斥。他和俞頌華（1893—1947）的公開書信就可以說明這一點。

俞頌華當時還未當報人，正留學日本，在書肆購得《新青年》兩期，讀到陳獨秀的〈孔子之道與現代生活〉（第2卷第4期）、〈再論孔教問題〉（第2卷第5期），於是去信討教。信中提出：「當今之世宗教果可廢否？如曰可廢，不但孔教當消滅，其他各教亦當消滅。如曰不可廢，而先廢數千年來歷史上有力之孔教，則吾國吾民精神上無形統一人心之具，將以何代之？」[28] 他又指出「講明真理與適應現世不可偏於一面」，故此於中國百廢未舉之時提倡廢孔之說，是危險的，孔教作為「倫理的宗教」，俞氏認為應改良之而非廢棄之。這點無疑捉到了非孔論述的關鍵，陳獨秀也感到欣佩，儘管意見不同，但認為此論「理精語晰」，前所未遇，並回覆〈答俞頌華（宗教與孔子）〉〈再答俞頌華（孔教）〉兩信，闡明立場。首先，他以為倫理與宗教有別：

> 至「倫理的宗教」之說倘能成立，則世界古今倫理學者、哲學者，無一非宗教家，有是理乎？[29]
>
> 宗教之為物，無論其若何與高尚文化之生活有關，若何有社會的較高之價值，但其根本精神，則屬依他的

28　俞氏對宗教一詞採取較寬廣的定義，即「以信仰之形式，規定人生之行為」。見俞頌華：〈致陳獨秀〉，《新青年》，第3卷第1期（1917年3月），頁20—22。文章刊於《新青年》「通信」欄，本無篇名。

29　陳獨秀：〈答俞頌華（宗教與孔子）〉，《陳獨秀著作選編》，第1卷，頁308。

信仰，以神意為最高命令；倫理道德則屬於自依的覺悟，以良心為最高命令；此過去文明與將來文明，即新舊理想之分歧要點。[30]

其次，他反對一切形式的宗教，宗教原有之有益部分可以美術哲學替代：

> 愚之非孔，非以其為宗教也。若論及宗教，愚一切皆非之（在鄙見討論宗教應廢與否與討論孔教應廢與否全然為二種問題），決非為揚他教而抑孔教。華特氏謂宗教所以納社會於軌道，愛爾和特氏謂宗教與高尚文化之生活有關係。近世歐洲人，受物質文明反動之故，懷此感想者不獨華愛二氏。其思深信篤足以轉移人心者，莫如俄國之托爾斯泰，德國之倭鏗，信仰是等人物之精神及人格者，愚甚敬之。惟自身則不滿其說，更不欲此時之中國人盛從其說也（以中國人之科學及物質文明過不發達故）。[31]

> 今之人類（不但中國人）是否可以完全拋棄宗教，本非片言可以武斷。然愚嘗訴諸直觀，比量各教，無不弊多而益少。[⋯⋯] 至於宗教之有益部分，竊謂美術哲學可以代之。[32]

陳獨秀在這裏提到的數位人物，包括華特氏（即懷特）、愛爾和特氏（Edward Tylor, 1832–1917，今譯愛德華・泰勒）、

30　同上書，頁 309。

31　同上註。

32　陳獨秀：〈再答俞頌華（孔教）〉，《陳獨秀著作選編》，第 1 卷，頁 343。

托爾斯泰、倭伊鏗（Rudolf Eucken, 1846–1926），都在西方宗教問題上提出了具代表性的看法。托爾斯泰與倭伊鏗兩人代表着歐洲思潮裏側重於人本主義與精神人格的一脈，陳獨秀反對其說也不足為奇，但其他兩位人物其實都對於科學持有歡迎和樂觀的態度。懷特在他的專著 *A History of the Warfare of Science with Theology in Christendom*（1896）反對同代研究者德雷伯的看法，提出與科學對立的並非宗教，乃是教條主義的神學。他在導言中並不含蓄地揚言科學與宗教將在未來一同邁步向前。而愛德華・泰勒則是英國人類學家，被視為文化進化論的代表人物。他視人類學為一門關於文化的科學，結合科學方法來研究文化問題，他相信宗教與社會文化生活有直接關係。陳獨秀對於懷特與愛德華・泰勒的立場都有所保留，反映了他在反宗教立場上態度非常強硬。特別是他認為中國缺乏科學與物質文明，與發達之歐洲語境不同，所以改進社會的方案亦有異。他對宗教改善人心之說不以為然，認為無宗教而有信仰心即可：

> 即無宗教，吾人亦未必精神上無信仰，謂吾人不可無信仰心則可，謂吾人不可無宗教信仰，恐未必然。倘謂凡信仰皆屬宗教範圍，亦不合邏輯。此僕所以不信「倫理之宗教」之說也。吾國人去做官發財外，無信仰心，宗教觀念極薄弱。今欲培養信仰心，以增進國民之人格，未必無較良之方法。同一用力提倡，使其自無而之有，又何必畫蛇添足，期期以為非弊多益少之宗教不

可耶？此愚所以非難一切宗教之理由也。[33]

陳獨秀一再提出以科學、美術、哲學、信仰心代之宗教，都是以反宗教為核心。

此外，陳獨秀在 1918 年發表了〈偶像破壞論〉，認為凡是「無用而受人尊重的」皆是偶像，應當破除，包括國家，這當然是受了無政府主義思潮的影響。他揚言：「吾人信仰，當以真實的合理的為標準。宗教上、政治上、道德上、自古相傳的虛榮，欺人不合理的信仰，都應該破壞！此等虛偽的偶像倘不破壞，宇宙間實在的真理和吾人心坎裏徹底的信仰永遠不能合一！」[34] 我們可以看出，陳獨秀以一種前衛的、絕對的觀念來構造理想社會，講求社會各種舊制度的破除，宗教形式亦屬其中。如此看來，海克爾在第十八章裏詳細討論一元宗教的可能性，包括保留基督教堂而改建為一元教堂，保留膜拜儀式以滿足部分人之感情需要等，都不是陳獨秀所嚮往的新世界。正如他在《隨感錄‧基督教與迷信鬼神》引述李石曾（1881—1973）所言：「中國人種種邪說迷信，固極可笑。然當以科學真理掃蕩之，不當以基督教之迷信代替之。」[35] 他認為宗教是自欺的，不是理性的，只有科學能達到人生最終極的真理所在，所以也拒絕了海克爾學說中的一元宗教論。

33　同上註。

34　陳獨秀：〈偶像破壞論〉，《陳獨秀著作選編》，第 1 卷，頁 423。

35　陳獨秀：《隨感錄‧基督教與迷信鬼神》，《陳獨秀著作選編》，第 1 卷，頁 427。

四、一元論：從機械唯物論到歷史唯物論

上文透過比讀《宇宙之謎》原有脈絡與陳獨秀之選擇性翻譯，展示了陳獨秀在 1917 年前後如何以海克爾一元論重塑理性。值得延伸討論的是，一元論對於陳獨秀往後思想影響之範圍。此得由陳獨秀出獄後的文章中說起。

陳獨秀出獄以後明顯對於情感問題有了新的見解。1919年 11 月 5 日，陳獨秀寫下的〈答半農的《D──！》詩〉推崇人們之間互助相愛的精神，[36] 而在《《新青年》宣言》中則提出「我們相信政治、道德、科學、藝術、宗教、教育，都應該以現在及將來社會生活進步的實際需要為中心」，[37] 肯定了宗教於將來社會之需要。當時社會上發生北大學生林德揚自殺事件，引起社會討論青年的人生觀問題，陳獨秀的〈自殺論──思想變動與青年自殺〉稍有提到新近思潮應是「情感的」，又提到需要從「科學萬能」轉向至「科學的理想萬能」。[38]1920 年 1月發表的〈告新文化運動的諸同志〉反思了「自然科學萬能」的弊端：

> 像那德國式的歧形思想，一部分人極端的盲目崇拜自然科學的萬能，造成一種唯物派底機械的人生觀，一部分人極端的盲目崇拜非科學的超實際的形而上的哲

36　陳獨秀：〈答半農的《D──！》詩〉，《陳獨秀著作選編》，第 2 卷，頁 127—129。

37　陳獨秀：〈《新青年》宣言〉，《陳獨秀著作選編》，第 2 卷，頁 130—131。

38　陳獨秀：〈自殺論──思想變動與青年自殺〉，《陳獨秀著作選編》，第 2 卷，頁144—155。

學，造成一種離開人生實用的幻想。這都是思想界過去的流弊，我們應該加以補救才是。若是把這兩種歧形思想合在一處，便可標是「中學為體西學為用」底新注腳了。[39]

同年 2 月份發表的〈基督教與中國人〉引述並贊同梁漱溟所說：「大家要曉得人的動作不是知識要他動作的，是慾望與情感要他往前動作的。單指出問題是不行的，必要他感覺着是個問題才行。指點出問題是偏於知識一面的，而感覺他真是我的問題都是情感的事。」[40] 又稱基督教是「愛的宗教」，其根本教義只是「信與愛」，認為中國文化缺少了美的、宗教的純情感，是社會麻木不仁乃至自殺現象的重大原因。他認為基督教中的犧牲、寬恕、博愛具有超越科學、理性的位置。〈新文化運動是甚麼？〉再次提到情感之重要。可見，陳獨秀在此時已察覺到科學理性之不足，又發現情感之重要性，宗教存在的價值。然而，這段時期是短暫的，在幾個月後，陳獨秀已經甚少再提到情感和基督教等的話題。這或許跟當時工讀互助團失敗有關，[41] 使他放棄了以情感主導的理想化方式

39　陳獨秀：〈告新文化運動的諸同志〉，《陳獨秀著作選編》，第 2 卷，頁 169—174。

40　這段話是梁漱溟在李超女士追悼會上演講，後在北京《晨報》發表。參李淵庭、閻秉華編：《梁漱溟先生年譜》（桂林：廣西師範大學出版社，1991 年），頁 37。

41　1919 年底，陳獨秀離開北大，專心從事社會運動，與蔡元培、李大釗等人試驗「工讀互助團」。工讀互助團是順應克魯泡特金（Kropotkin, 1842–1921）的無政府主義、日本武者小路實篤（1885—1976）的新村主義等外來思潮而在中國產生的社會運動，成員脫離家庭、學校、婚姻關係，實行絕對共產。運動在北京、上海、南京等地先後展開，但維持時間不長，面臨經費不足、意見分歧等問題，1920 年 3 月起就相繼告終。見趙泓：《中國人的烏托邦之夢：新村主義在中國的傳播及發展》（台北：獨立作家，2014 年），頁 135—144。

來改革社會，也堅定了他此後認為要通過階級革命來推動社會變革的決心。他在非基督教運動中提到情感需要克制一點，在科玄論戰時也寫過〈評太戈爾在杭州、上海的演説〉：

> 「愛」，自然是人類福音，但在資本帝國主義未推倒以前，我們不知道太戈爾有何方法可以實現他「用愛來調和人類」這個志願。沒有方法的一個空空的志願，本是無用的廢物。孔夫子的仁義叫了幾千年，基督的愛也叫了幾千年，何以現在仍是「人類自殺的情形」？[42]

可以看見，他一度相信有助改變社會的情感與宗教，隨即就被否定。

在科玄論戰中，陳獨秀不僅反對梁啟超等人所擁護的「超科學的」「愛」和「美」，[43] 更批判了科學派的胡適、丁文江等人，認為他們持的科學論未能彰顯科學之威權。對胡適而言，科玄論戰之核心是「科學的人生觀是甚麼」的實際問題，但在陳獨秀看來，關鍵卻在科學與心物之爭的關係。他在《科學與人生觀》序中否定丁文江的「存疑的唯心論」，認為丁氏沿襲了赫胥黎、斯賓塞的科學存疑論，科學派對唯物史觀這件「可以攻破敵人大本營的武器」不相信、不肯用，[44]〈答適之〉批評胡適的科學論並不徹底，是一種心物二元論，重

42　此文在 1924 年 4 月 25 日寫成。陳獨秀：〈評太戈爾在杭州、上海的演説〉，《陳獨秀著作選編》，第 3 卷，頁 258—261。

43　梁啟超：〈人生觀與科學 —— 對於張丁論戰的批判（其一）〉，《晨報副刊》（1923 年 5 月 29 日），頁 1—2。

44　陳獨秀：《科學與人生觀》序，《陳獨秀著作選編》，第 3 卷，頁 141—146。

申只有唯物史觀能應用於人生觀、社會觀,「離開了物質一元論,科學便瀕於破產」。[45]〈答張君勱及梁任公〉認為梁啟超誤會了自然科學的唯物論與歷史的唯物論之區別:「第一個誤會是他說我們是『機械的人生觀』。這大概是因為他不甚注意近代唯物論有二派的緣故:一派是自然科學的唯物論,一派是歷史的唯物論。機械的人生觀屬前一派,而後一派無此說。」[46]又反駁梁啟超〈非「唯」〉一文:

> 原來哲學上對於宇宙觀及人生觀,向分物質一元論和精神一元論兩派(我不承認二元論能夠成立)[……]互相聯繫的森羅萬象,本來是一氣呵成的整個世界,其根本或云都是物質,或云都是精神,卻不能說是分途而各別為一世界如二元論者之所想像。因此,二元論之歸結,恆為客觀的唯心論,即使他本不欲「唯」,而事實上令他終不得不「唯」。猶之唯心論者終必採納宗教神靈之說,因為在有人類意識以前,單純的物質世界久已存在,若不抬出神來,精神一元論的招牌便須自己取下。二元論終不能成立也如此,無論物質或精神,世界終屬一元,一元就是「唯」,不是哲學者為門戶,主觀的故欲其「唯」,乃是探討萬象窮源盡委,客觀的說明此現象時不得不「唯」。[47]

45　陳獨秀:〈答適之〉,《陳獨秀著作選編》,第 3 卷,頁 166—169。

46　陳獨秀:〈答張君勱及梁任公〉,《陳獨秀著作選編》,第 3 卷,頁 276—284。引文出自頁 282。

47　梁啟超:〈非「唯」〉,《教育與人生》,第 20 期(1924 年 3 月 3 日),頁 1—2。陳獨秀:〈答張君勱及梁任公〉,《陳獨秀著作選編》,第 3 卷,頁 276—284。引文出自頁 283—284。

在此，我們可以看見他將心（情感）視為由物而產生的現象，認為人心問題儘管有主觀成分但始終要歸因於社會物質條件。這段時期陳獨秀所提倡的唯物一元論，已經從海克爾的機械唯物主義（又稱科學唯物主義）一元論，轉向至馬克思（Karl Marx, 1818-1883）、列寧（Vladimir Lenin, 1870-1924）的歷史唯物主義一元論。這種過渡背後有一定的內在合理性，即海克爾一元論乃至機械唯物主義一元論的內在限制（在社會主義者的眼中或許是缺陷），它們偏重於應用自然科學知識或研究方法，而難以提供一種較具體的方式去解釋並影響社會現實。[48] 但這並不是說，陳獨秀完全拋棄了此前對於海克爾一元論的興趣，海克爾著作中的理性至上的精神，樂觀地相信科學可以解決宇宙一切謎團的信仰，都有延續在其中。作為一種跨文化的「理性」聯結，陳獨秀對海克爾的翻譯與重塑，補充了他往外尋找文化資源的中間過程，有助我們去理解陳獨秀高舉唯物史觀以前的思想歷程。

五、結語

陳獨秀在德國自然科學、哲學家海克爾的著作中看見了西方啟蒙反啟蒙辯證中的理性啟蒙方式——建立科學的一元宗教。然而，他試圖通過選擇性地翻譯「改寫」海克爾，重新塑造出一個無神論的海克爾。他吸收了海克爾以科學反宗教迷信的論述，並透過科學與基督教展示西方語境下自然科學

---

48 十九世紀末德國已經有針對進化論的研究以專章研究海克爾並指出這一點。
John Augustine Zahm, *Evolution and Dogma* (Chicago: D.H. McBride, 1896), 243-244.

對基督教的反動，佐證其以科學代宗教說；另一方面，對海克爾學說中的自然、泛神傾向或是具體一元宗教的倡議，陳獨秀有意識地過濾。他以為非宗教而保留宗教之形式便會違背真實的、合理的信仰，無法與宇宙真理合一。換言之，在他看來，海克爾之一元宗教仍未到達真理的終極階段，反宗教、無神論才是中國社會之進化所需要的。

科學的一元宗教，還是以科學代宗教？這個問題，我們或者可以換一組詞彙來問：泛神教還是無神論？陳獨秀曰：

> 若泛神教（或譯作萬有神教），則已界於宗教非宗教之間。桂特 [按：歌德]、赫克爾謂泛神教，質言之即無神教，其說是也。無神論乃一種反對宗教之哲學家見解，字之曰宗教，殊為不倫。[49]

這段話並不能說明到歌德和海克爾學說等同於無神論，反之提醒了我們，泛神教與無神論之差異正是陳獨秀努力消解的，也正折射五四的理性被建構的方式。一個值得對照的例子是海克爾一元論對日本大正生命主義的影響。鈴木貞美在研究大正生命主義時指出，海克爾的《宇宙之謎》《生命之不可思議》兩書在大正年間譯出，其中之一元論（鈴木用「生命一元論」一詞）是促成大正生命主義出現的外來思潮之一。[50] 事實上，五四時期對中、日兩地產生過影響的生機學

49　陳獨秀：〈答俞頌華（宗教與孔子）〉，《陳獨秀著作選編》，第 1 卷，頁 308。

50　鈴木貞美：〈大正生命主義のいま〉，收於鈴木貞美編：《大正生命主義と現代》（東京：河出書房新社，1995 年），頁 21。

(vitalism) 科學家杜里舒 (Hans Driesch, 1867-1941) 也是海克爾的學生，受其一元論啟發。海克爾的一元論雖然強調理性至上的立場，但當中兼具機械論與泛神論，因此才有可能成為不同流派的共通資源，各取所需。陳獨秀努力消解海克爾一元論中的泛神傾向，可視為一種話語權之爭奪，隱含在背後的實際問題是：科學的權限可以延伸至何處，有沒有超越科學可解決的「神」之概念？這一點似乎是具有統一性，陳獨秀在不同時段都是以科學為解答一切問題的關鍵，只是他後期才比較明確提出「社會科學」有別於「自然科學」之處。即使是在 1920 年發現情感之重要，一度思考宗教於社會的作用，但他肯定的只有耶穌的博愛、犧牲等精神，而非基督教的神觀、生死觀、救贖論等。他在同期認真研究的馬克思列寧主義，似乎為他提供了一套既能盛載情感，提供願景，又能證明科學之威權來統攝其他人生觀的理論。因此，海克爾一元論中主張唯物和科學至上的部分在陳獨秀的思想中得以延伸，結合了更新近的唯物主義，即歷史唯物主義，而以唯物史觀的面貌出現在科玄論戰之中。

由此可知，唯理性、唯科學的一元思想在跨越歐洲大陸，進入東亞的過程中，陳獨秀的思想翻譯代表着一種特殊的接受路徑。陳獨秀抹去了一元論的神祕色彩，建構一種更為純粹，更為理性，更加反宗教的海克爾學說，因此其以科學代宗教說也體現了跨文化背景下，五四知識分子對科學理性與信仰宗教的關係作出的一次抉擇。這種「知」的反動，我們不一定同意，正如魯迅或人生觀派所反對的，也是康德所

批判的，這種科學至上的世界觀給予理性極致的權力，置知識於危險之中。不過，陳獨秀在其中展現了五四知識分子進行思想翻譯時的能動性，科學與宗教，理性與情感的辯證也在這段過程中展現出其獨特的發展歷程。

第三章

情感與「新信仰」：
陳獨秀與孔德思想對讀

　　1924年，陳獨秀在科玄論戰中高舉「社會科學」的旗幟，既反對張君勱等人生觀派的玄學主張，又譏諷丁文江等科學派不夠進取，停留在自然科學的層次。他在著名的〈《科學與人生觀》序〉推出社會學創始人孔德（Auguste Comte, 1798–1857）的「三時代說」（下稱三階段論），斷言這是一種定律，認為科學實證能擊破所有玄學幻想。他又以唯物史觀來變動社會、解釋社會，並支配人生觀。唯物史觀在科玄論戰中的出場，象徵着理性啟蒙步向高潮。這篇文章也代表着，陳獨秀經過長期探索和多次轉折，最終選擇了唯物論與反宗教的立場。本章關注的問題卻是：在1920年陳獨秀一度肯定的基督教情感部分，還有孔德學說中「人本教」（the Religion of Humanity）和「社會愛」要如何解釋呢？從孔德思想內在發展脈絡來看，他晚年提出的人本教不是一種思想轉折，而是實證主義系統為了克服宗教與情感問題而走向的最終狀態。陳獨秀自1917年起一再提起孔德，卻不談人本教的部分，或許是有意迴避。其實，孔德要克服的這個問題，正是陳獨秀在五四前後要面對的抉擇，兩人思想處境有諸多相似之處，值得比照。

　　本章先介紹孔德在實證主義學說中關於宗教、情感與理性的部分，說明他在法國歷史脈絡下如何以人本教回應「情」的問題。[1] 繼而比照五四前後陳獨秀的思想處境，特別是他在

1　孔德在他的著作中直接換用情感（feeling）、愛（love）、情（affect / affection）、心（heart）等詞語，概念之間不另作區分，在原文中可讀為同義。為免與狹義的「愛情」混同，本章較傾向於使用「愛」或「情」而非「愛情」來指代。

宗教與情感問題上的多次轉折，提出他表面上這將情感排除在外，實際上還是有一種情感內核。最後，本章將回應學界以「唯科學主義」評價陳獨秀的看法，認為他的思想轉向與掙扎正好體現了情感與理性之辯證的弔詭。

一、孔德及其學說

　　孔德成長於天主教家庭，十九歲至二十六歲之間追隨亨利・德・聖西門 (Henri de Saint-Simon, 1760-1825)，並擔任他的祕書。聖西門是著名的空想社會主義者 (Utopian Socialism，又譯烏托邦社會主義)，對後來馬克思構思社會主義也有一定的影響。在法國大革命以後，聖西門主張以實業制度來取替原有的社會系統。他建議由學者執掌科學、文化、教育的大權，以道德來改造社會，其思想日漸偏重於政府形態，並有新基督教的傾向。因此，孔德在 1824 年前後決定與他分道揚鑣，自行開創實證主義哲學，反對神學或形而上學的玄想，主張以科學方法建立知識，從社會實際生活出發，提出解決具體社會問題的理論方法。孔德主要著作是《實證哲學講義》(*Cours de Philosophie Positive*, 1842) 和《實證主義概觀》(*Discours sur l'ensemble du Positivisme*, 1848)。他也是第一位使用 "Sociology" (社會學) 一詞的人，有社會學之父的稱號。

　　孔德最初在 1822 年就提出三階段論的初步想法，後來在《實證哲學講義》將其基本概念定型。他認為人類智慧發展具有定律，每一個主要概念或分科，都依序要經過三種不同的

理論狀況：神學的，或虛構的；玄學的，或抽象的；科學的，或實證的。在〈改良社會所必須的科學工作計劃〉一文中，他依次序排列神學和軍事的時代、玄學的和司法的時代、科學和工業的時代。[2] 三階段論的魅力在於它為世界進程提供了一套解釋方法，逐步提升，又可以應用在各個專門範疇。此論在清末民初進入中國，在文化界廣泛流傳。陳獨秀在 1917 年寫的〈答佩劍青年（孔教）〉：「法社會學者孔特〔按：孔德〕，分人類進化為宗教、哲學、科學，三大時期。」[3] 同年北京還有過一所新式學校名為「孔德學校」，由蔡元培、李石曾、沈尹默（1883—1971）等創辦，寄予以孔德為代表的法國實證主義精神能在中國落地生根的希望。[4] 朱謙之後來又專門寫過《黑格爾主義與孔德主義》《孔德的歷史哲學》。[5] 民初文人對孔德之推崇，可見一斑。

在宗教問題上，孔德早期反對聖西門提出新基督教的觀點，但後期提出人本教概念似乎與其殊途同歸，至少是承認現代社會在一定程度上仍有宗教之必要。聖西門在《新基督教 —— 保守派與創新者之間的對話》（*Nouveau Christianisme: Dialogues Entre un Conservateur Et un Novateur*, 1825）首次提

2　孫中興：《愛・秩序・進步：社會學之父 —— 孔德》（台北：巨流，1993 年），頁 138—139。

3　陳獨秀：〈答佩劍青年（孔教）〉，《陳獨秀著作選編》，第 1 卷，頁 311。

4　錢秉雄：〈我所見到的孔德學校〉，《澎湃新聞》，網址：https://www.thepaper.cn/newsDetail_forward_2593375.（2023 年 2 月 16 日瀏覽）。

5　朱謙之：《黑格爾主義與孔德主義》（上海：民智書局，1933 年）。朱謙之：《孔德的歷史哲學》（長沙：商務印書館，1941 年）。

出「新基督教」的主張，有別於此前他所提出的社會組成方法，書中以「新基督教」取替不同宗派的「舊基督教」（主要是天主教和新教）。他主張去除繁贅的教條和儀式，以「人人兄弟相待，在神面前平等」為核心理念，致力使社會底層的道德及生活得到改善。[6] 要言之，聖西門希望透過與基督教勢力協商以獲取社會更多的支持，從而改造社會。對此，孔德不以為然。孔德認為，基督教屬於實證主義三階段論裏的最初階段，想像（imagination）與感覺（sentiment）僅受理性機能（raisonnement; reasoning）微弱的限制，而情（affect）繞過理性而作惟一主導，得到至高無上的權威。[7] 因此，這個純主觀的系統無法與客觀的實際生活相調和。不過，孔德其實並不否定特定的宗教可以脫離神學階段，這與他對「宗教」一詞的理解方式有關。孔德所說的「宗教」強調當中「人際的合諧」，而無超自然或神明的崇拜。[8] 在這種理解之下，「宗教」可以指代以特定信仰為核心的共同體，包括他自己提倡的實證主義。事實上，他在《實證主義概觀》正文中就將實證主義當成宗教，最後一章也提出人本教的想法。

　　孔德反對傳統宗教，也反對聖西門新基督教的想法，晚年卻建立起人本教，當中之轉折與人生經歷有關。他在 1830

6　焦文峯：〈論聖西門的宗教觀〉，《江蘇社會科學》，1994 年第 3 期，頁 31—36。

7　本章參考《實證主義概觀》的法文原典、英譯本及中譯本，為求行文用辭清晰，引文參照中英譯本而自行譯出。其中英譯本 1907 年版在 1848 年版本之上補充了新註釋，特此註明。Auguste Comte, trans. J. H. Bridges, *A General View of Positivism* (London: Routledge, 1907), 9–10. 孔德著，蕭贛譯：《實證主義概觀》（台北：商務印書館，1938 年），頁 2—3。

8　孫中興：《愛・秩序・進步：社會學之父 —— 孔德》，頁 70。

至 1842 年間集中研究自然科學的認識論、方法論，六冊的《實證哲學講義》中前半專門討論數學、天文學、物理學、化學和生物學，後半則試圖應用科學研究方法到社會學研究之上，[9] 標誌着孔德早期對科學、理性的重視。1842 年起，孔德的思想和人生有了一些改變。他先是跟妻子離婚，後於 1844 年結識了克洛蒂爾德·德沃（Clotilde de Vaux, 1815–1846），1845 年起陷入了柏拉圖式的戀愛之中，直至 1846 年她病逝為止。克洛蒂爾德的死使孔德陷入了一種迷戀情緒中，將她的作品收入自己著作中，甚至將她坐過的椅子奉為「聖物」。[10] 這也促成了孔德將男女之情擴充至人類之愛來崇拜，努力宣揚實證主義及人本教的原因之一。加上 1848 年法國發生「二月革命」，孔德開始轉而以一種有益的淨化及精神化（salutary purification and spiritualization）的方式來對待情感問題，又認為以理性和科學去解決西方社會危機只會加劇問題的嚴重性。[11] 在其 1848 年出版的《實證主義概觀》以及 1851 至 1854 年出版四冊的《實證政治體系 —— 或是為了建立人本教所做的社會學論文》（*Système de Politique Positive ou Traité de Sociologie, Instituant la Religion de l'Humanité*）中，他就提出「情」的重要性：「在人類本性及實證系統中，情為最重要之元

9　孔德根據布蘭維爾（Blainville, 1777–1850）在比較解剖學中對生物現象的區分，將社會學區分為「社會靜學」和「社會動學」，前者研究社會存在狀況，包括倫理、社會、語文、政府、經濟等，後者研究社會的歷時規律，包括他提出的「三階段論」。

10　孫中興：《愛·秩序·進步：社會學之父 —— 孔德》，頁 21。

11　Mike Gane, *Auguste Comte*, 4.

素。」[12] 這正是孔德在嘗試解決工具理性 (instrumental reason) 過度發展的缺陷，即在實證系統內引入可以解釋價值問題的因素。休謨曾言「理性為情感之奴隸」，孔德則說：「在神學之下，理智為心之奴隸；在實證主義之下，則為其雇傭。」[13] 足見他對心與情感的重視。從神學階段到實證主義階段，理智（理性）始終受心（情感）主導，但差別在於心的權限得到約束。因此，孔德宣稱實證主義有主、客兩面，主觀原則為「以理智附屬於人心」，客觀基礎則是「科學所默示之外在的世界秩序」。[14] 兩者整合雖是困難，但同時是必要的。他的人本教構想以「大在」(The Great Being) 為崇拜的主要對象。「大在」這個概念，孔德沒有清楚界定，但主要是以逝者組成，其次是尚未出生的人，然後是現在還活着的人。[15]「大在」與中國「大我」的觀念有一定的相似。

孔德晚年提倡的人本教，至少在他看來，不是倒退回神學階段的宗教，反而是實證主義系統安放人類情感的最終狀態。同樣的情感問題，在陳獨秀的理想社會藍圖中是如何安置的呢？他在信仰宗教問題上的一再轉折，過程中是如何看待情感？

12　Auguste Comte, *A General View of Positivism*, 14.

13　Auguste Comte, *A General View of Positivism*, 18–19.

14　孔德著，蕭贛譯：《實證主義概觀》，頁 14—15。

15　孫中興：《愛・秩序・進步：社會學之父 —— 孔德》，頁 214。

二、陳獨秀的「新信仰」

陳獨秀在〈近代西洋教育 —— 在天津南開學校演講〉
(1917) 中提到：

> 孔特分人類進化為三時代：第一曰宗教迷信時代，
> 第二曰玄學幻想時代，第三曰科學實證時代。歐洲之
> 文化，自十八世紀起，漸漸的從第二時代進步到第三時
> 代，一切政治，道德，文學，無一不含着科學實證的精
> 神。近來一元哲學，自然文學，日漸發達，一切宗教的
> 迷信，虛幻的理想，更是拋在九宵雲外；所以歐美各國
> 教育，都注重職業。[16]

引文可見，陳獨秀以孔德的三階段論與海克爾的一元哲
學為據，認為它們指示了社會文明的發展前路，對中國社會
有所啟示。可是，孔德的人本教提倡則沒有被提起。另一篇
文章〈敬告青年〉，陳獨秀也參考了孔德對科學的定義，但略
有不同：「科學者何？吾人對於事物之概念，綜合客觀之現
象，訴之主觀之理性而不矛盾之謂也」。[17] 其中，主觀與客觀
之區分，顯然受孔德學說影響，卻作出了關鍵的改動 —— 以
理性代替人心 (情感)。這個不留「情」的選擇，可以反映出
陳獨秀早期對孔德學說中情的部分有所保留，面對當時「有想
像而無科學」的中國，以為理性才是對症下藥。這跟孔德早期

---

16 陳獨秀：〈近代西洋教育 —— 在天津南開學校演講〉，《陳獨秀著作選編》，第 1
　　卷，頁 357。

17 陳獨秀：〈敬告青年〉，《陳獨秀著作選編》，第 1 卷，頁 162。

偏重科學與理性的情況是相同的。直到 1919 年末,他才對情感問題有較透徹的理解。

　　在五四運動發生後,陳獨秀因派發《北京市民宣言》傳單而被逮捕入獄三個月,期間他閱讀《聖經》,覺得有宗教的需要。[18] 這並沒有使陳獨秀歸信上帝,他的新詩〈答半農的〈D——!〉詩〉:「為了光明,去求真神 / 見了光明,心更不寧 / 辭別真神,回到故處」,願與黑暗中的弟兄姐妹同受苦難。[19] 對比冰心(1900—1999)讀《聖經》後寫的新詩,[20]〈夜半〉:「上帝是愛的上帝 / 宇宙是愛的宇宙」;〈他是誰〉:「上帝啊 /『受傷的葦子,他不折斷。/ 將殘的燈火,他不吹滅。』/ 我們的光明 —— 他的愛 / 永世無盡,阿們」。[21] 陳獨秀顯然不求來自神的慈愛或心靈上的自我撫慰,反而是因為《聖經》裏基督耶穌的捨己精神而受感動,堅定了他的社會人本關懷。同年年底,陳獨秀離開北大,專心從事社會運動,與蔡元培、李大釗等人試驗工讀互助團。[22]

　　陳獨秀在 1920 年 2 月開始集中談論宗教與情感的問題。

18　胡適:《胡適手稿》,第 9 卷下,第 3 卷,頁 545—550。

19　陳獨秀:〈答半農的《D——!》詩〉,《陳獨秀著作選編》,第 2 卷,頁 127。

20　黎子鵬以 1919 年官話和合本《聖經》面世為背景,指出五四詩人如冰心、周作人、穆旦(1918—1977)都分別受到了其中不同部分之影響,闡發出新詩的新意象、新類型以及新世界觀。參考黎子鵬:〈官話和合本《聖經》與二十世紀初新詩的發軔 —— 以冰心、周作人及穆旦為例〉,《漢學研究》,第 37 卷,第 4 期(2019 年),頁 395—416。

21　謝婉瑩(冰心):〈夜半〉(〈傍晚〉等系列組詩之第三首),北京基督教青年會編:《生命》,第 8 期(1921 年),頁 4;〈他是誰〉,《生命》,第 9 期(1921 年),頁 1。

22　趙泓:《中國人的烏托邦之夢:新村主義在中國的傳播及發展》,頁 135—144。

2月6日上午，他在有基督教背景的武昌文華大學畢業禮大會上發表演講，提出「學校教育多屬於知識之教育，而情感之教育則不多」，「西國之強健不僅係知識教育之發達，仰情感教育有以並進之耳」，又說「貴校係基督教徒所設立，耶穌基督惟其能犧牲自己一切，所以為世界之模範」。[23] 到了4月寫的〈新文化運動是甚麼？〉更是公開「認錯」，承認宗教在新文化的地位：

> 宗教在舊文化中佔很大的一部分，在新文化中也自然不能沒有他。[……] 因為社會上若還需要宗教，我們反對是無益的，只有提倡較好的宗教來供給這需要，來代替那較不好的宗教。我以為新宗教沒有堅固的起信基礎，除去舊宗教底傳說的附會的非科學的迷信，就算是新宗教。[……] 現在主張新文化運動的人，既不注意美術、音樂，又要反對宗教，不知道要把人類生活弄成一種甚麼機械的狀況，這是完全不曾了解我們生活活動的本源，這是一椿大錯，我就是首先認錯的一個人。[24]

這可以反映出陳獨秀對宗教問題的一種妥協，不再是全盤推翻宗教，而是接受以「較好的宗教」代替迷信的宗教。我們一方面應該注意到，這跟聖西門、孔德、海克爾在某種意義上是殊途同歸，即他們最終都沒有完全消滅宗教，只是在不同程度上改良宗教。即使孔德人本教所說的「愛」，也不單是騎士精神式的理想化觀念，而是同時帶有靈命修道與拜

---

23 唐寶林、林茂生編：《陳獨秀年譜》（上海：人民出版社，1988年），頁79。

24 陳獨秀：〈新文化運動是甚麼？〉，《陳獨秀著作選》，第2卷，頁217—221。

物崇拜的元素。[25] 但另一方面也應察覺到東方文化語境的獨特性導致陳獨秀作出了不同的選擇，即沒有將宗教形式保留下來。這一點在他對梁漱溟之東西文化觀的回應裏可以找到線索。

1919 年秋冬間，梁漱溟發表了他對知識與情感的看法，1920 年初又應少年中國學會之邀作有關宗教問題講演。[26] 對此，陳獨秀在 2 月發表的〈基督教與中國人〉中馬上作出了回應。他贊同梁漱溟提出知識之外須重視情感的説法，但反對「富於情感是東方人的精神」。在他看來，支配中國人的文化是「唐虞三代以來倫理的道義」，是以知識、理性主導的，支配西洋人的文化則是「希臘以來美的情感和基督教信與愛的情感」，是超理性的。[27] 他將中國文化分為倫理、情感兩類：

> 道義的本源，自然也出於情感，[……] 但是一經落到倫理的軌範，便是偏於知識理性的衝動，不是自然的、純情感的衝動。同一忠、孝、節的行為，也有倫理的、情感的兩種區別。情感的忠、孝、節，都是內省的、自然而然的、真純的；倫理的忠、孝、節，有時是外鑠的、不自然的、虛偽的。知識理性的衝動，我們固然不可看輕；自然情感的衝動，我們更當看重。我近來覺得對於沒有情感的人，任你如何給他愛父母、愛鄉里、愛國家、愛人類的倫理知識，總沒有甚麼力量能叫他向前行動。

25　Mike Gane, *Auguste Comte*, 94.

26　李淵庭、閻秉華編寫：《梁漱溟先生年譜》，頁 37—38。

27　陳獨秀：〈基督教與中國人〉，《陳獨秀著作選編》，第 2 卷，頁 175。

中國底文化源泉裏，缺少美的、宗教的純情感，是我們不能否認的。不但倫理的道義離開了情感，就是以表現情感為主的文學，也大部分離了情感加上倫理的（尊聖、載道）、物質的（紀功、怨窮、誨淫）彩色。這正是中國人墮落底根由，我們實在不敢以「富於情感」自誇。[28]

他也不同意梁漱溟對東西文化分歧關鍵的看法：

我以為西洋東洋（殊於中國）兩文化底分歧，不是因為情感與慾望的偏盛，是在同一超物質的慾望、情感中，一方面偏於倫理的道義，一方面偏於美的宗教的純情感。[......] 現在要補救這個缺點，似乎應當拿美與宗教來利導我們的情感。離開情感的倫理道義，是形式的不是裏面的；離開情感的知識是片段的不是貫串的，是後天的不是先天的，是過客不是主人，是機器、柴灰，不是蒸汽與火。美與宗教的情感，純潔而深入普遍我們生命源泉底裏面。[29]

陳獨秀改變了此前反對宗教的立場，肯定了宗教與美利導情感的作用，也指出知識不能脫離情感。他提到知識的「貫串」，顯然脫自柏格森（Henri Bergson, 1859-1941）的「綿延」（durée）觀念，「蒸汽與火」也是呼應柏格森在說明「生命力」（élan vital）時所用的蒸汽機和火箭兩則著名的比喻。陳獨秀

28　同上註。

29　同上註。

對於歐洲非理性思潮一直有所關注，只是要到了五四運動以後，他才體會到情感的力量，承認宗教與情感的重要性。陳獨秀跟孔德等人不同之處在於，他以為中國需要的是情感，而不是倫理的、宗教的形式。基督教作為「較好的宗教」，需要引入或保留的是情感的部分，而不是儀式、拜物的部分。

於是，陳獨秀為基督教「新信仰」下了定義：

> 基督教底「創世説」「三位一體説」和各種靈異，大半是古代的傳説、附會，已經被歷史學和科學破壞了，我們應該拋棄舊信仰，另尋新信仰。新信仰是甚麼？就是耶穌崇高的、偉大的人格和熱烈的、深厚的情感。[……] 耶穌的人格、情感是 (1) 崇高的犧牲精神 (2) 偉大的寬恕精神 (3) 平等的博愛精神。[30]

他將基督教精神界定為犧牲精神、寬恕精神和博愛精神，證據是《聖經》的〈馬太福音〉對耶穌人格與情感的記錄，又提出基督信仰應直接從此建立，而不靠神學理論或儀式。這點令人想起神學家趙紫宸 (1888—1979) 在同時期受實驗主義影響而提出注重耶穌人性人心，反神祕玄想的主張，[31] 同樣是在宗教情感與科學理性之間尋找整合的可能。不同的是，陳獨秀從宗教所得的情感啟蒙最終並沒有停留在宗教上，而

30　同上註。

31　趙紫宸的神學思想注重基督人格與人類救贖的關聯，認為基督的人性一面是人類仿效的對象，而不在神祕玄想之中尋找神。參考唐曉峯：《趙紫宸神學思想研究》(北京：宗教文化出版社，2006 年)，頁 105—112；邢福增：〈趙紫宸的宗教經驗〉，按網上未刪節版，網址：http://www.csccrc.org/files/c%204.4%20passage.pdf.

是向普世信仰的方向發展。

三、情理之整合

　　陳獨秀引入情感、肯定宗教，首先影響的自然是此前
提出的以科學代宗教說，必須重新整合與配置情感與理性。
這一點跟孔德的實證主義發展有很大的相似之處。人本教之
思想要旨：「是故愛為吾人之原則，秩序為吾人之基礎，進步
為吾人之目的」，[32] 正是以情為最重要之元素，它可以主導理
性（但會尊重理性）。此「情」並不泛指一切情感，而是特指
一些以社會整體為考慮的情，孔德稱之為社會同情心（social
sympathies）。[33] 這點跟他的朋友彌爾（John Stuart Mill, 1806-
1873）所承繼的效益主義（utilitarianism）在精神上是一致的，
是一種利他主義（altruism）。陳獨秀的取向跟這種對民族、國
家、社會之愛相同，[34] 孔德實證主義哲學的情感與理性觀念也
直接影響到陳獨秀。

　　孔德學說中的「情」，陳獨秀很早就讀到，他在 1915 年
為蘇曼殊《絳紗記》作序就提及：「法人柯姆特（Comte）有言

32　孔德著，蕭贛譯：《實證主義概觀》，頁 339。

33　"The proper function of Intellect is the Service of the Social Sympathies." Auguste Comte, *A General View of Positivism*, 16.

34　他在 1918 年寫的〈人生真義〉開始將科學擴展至社會整體為考慮。文章沿用宗
　　教家、哲學家、科學家之分類，批評中國傳統儒、釋、道三家之說和基督教人
　　生觀，連墨子、楊朱與尼采學說也被視為偏頗或極端的做法，然後藉科學家說
　　「人死沒有靈魂」的說法來引入一套人生觀：「個人生存的時候，當努力造成幸
　　福，享受幸福；並且留在社會上，後來的個人也能夠享受。遞相授受，以至無
　　窮。」見陳獨秀：〈人生真義〉，《陳獨秀著作選編》，第 1 卷，頁 385。

曰：『愛情者，生活之本源也。』斯義也，無悖於佛，無悖於耶。」[35] 可見他深知孔德所説的愛是超越男女之愛而達到眾生之愛。這種對普世之愛，在〈今日之教育方針〉（1915）等文章中可以感受到，但與科學、理性相比，卻一直是「月明星稀」，直到 1920 年，情感方得以發揚。陳獨秀説基督教的三種精神（犧牲、寬恕、博愛），「科學家不曾破壞，將來也不會破壞」，[36] 代表着他承認其有比起科學、理性佔更高位置的價值。在〈新文化運動是甚麼？〉中，陳獨秀也承認了人的行動受本能上的感情衝動的影響。按此理解，犧牲、寬恕、博愛三種精神均屬於情感結構的一部分，科學 / 知識沒有最終的主導權，正與孔德後期的實證主義系統一致，可見陳獨秀到了五四運動發生後才接受實證主義中以情感為原則的一面。

需要補充的是，陳獨秀對於情感與宗教的肯定卻並非不設防的。他提醒要慎防市面上的「基督教救國論」，[37] 又説在實際生活上需要尋求情感與理性的調和整合，不應偏廢：

> 我們一方面固然要曉得情感底力量偉大，一方面也要曉得他盲目的、超理性的危險。我們固然不可依靠知識，也不可拋棄知識。譬如走路，情感是我們自己的腿，知識是我們自己的眼或引路人的眼，不可説有了腿

35　陳獨秀：〈《絳紗記》序二〉，《甲寅》雜誌，第 1 卷，第 7 號，頁 3。

36　陳獨秀：〈基督教與中國人〉，《陳獨秀著作選》，第 2 卷，頁 175—182。

37　「基督教救國論」是部分基督教徒懷着愛國熱情回應新思潮而提出的想法，最積極提倡此説的是徐謙（1871—1940）。1920 年 1 月，徐謙在上海成立基督教救國會，大力提倡基督教救國論。見邢福增：《基督信仰與救國實踐 —— 二十世紀前期的個案研究》（香港：建道神學院，1997 年），頁 68—79。

便不要眼。[38]

此外，在 1920 年至 1924 年間陳獨秀對宗教的態度也是值得注意。表面上，他沒有選擇孔德提倡人本教的路向，而是逐漸靠近馬克思主義思想。但卻不應簡單將其視為完全拋棄宗教，他在反宗教位置上的曖昧立場呈現了更複雜的思考。他在 1922 年起與共產國際合作策動「非基督教運動」，反教會但卻不反宗教性，甚至以為「一切學說（主義）到極篤的時候，便多少有點宗教性」。[39] 到了 1924 年他高舉唯物史觀，重申科學萬能，思想發展看似游離跳脫，卻不離情感與理性之辯證。

四、唯物史觀與科學威權

陳獨秀在發現情感與宗教的重要性以後，是甚麼導致他又一次轉變立場，重推科學之萬能與霸權，最終以馬克思主義的唯物史觀為科學之依歸？他又是如何修正或調整此前的情感論述立場，或者說，此前的情感論述立場在甚麼程度上轉化成為他追求「主義」的動力？這裏的「主義」自然是指陳獨秀篤信的馬克思主義，具體來說是馬克思學說中的唯物史觀與經濟決定論。這跟此前中國接受的辯證唯物主義已經有所不同，涉及科學觀念的內部調整，對於理解陳獨秀的科學

38　同文又提到社會上有「科學無用了」「西洋人傾向東方文化了」的觀點，並重申精神生活也不應離開「科學」（理性），見陳獨秀：〈新文化運動是甚麼？〉，《陳獨秀著作選》，第 2 卷，頁 217—221。

39　陳獨秀：〈基督教與基督教會〉，《陳獨秀著作選編》，第 2 卷，頁 430—431。

主義之形成有重要意義。在 1920—1923 年間，影響陳獨秀最
終的科學立場的原因有三點：工讀互助團的失敗，朱謙之唯
情哲學的興起，非基督教運動的爆發。

　　首先，1920—1921 年工讀互助團的失敗直接影響到陳
獨秀放棄空想路線並走向俄國社會革命的路線，積極組織共
產黨，並開始用階級鬥爭和階級分析的方法來思考社會問
題。[40] 工讀互助團的失敗，最直接原因是運動過於理想化，經
濟與人事都出現問題，[41] 想像中的兼工兼讀的知識生活沒有達
到，共產模式（入團後財產共有、種植蔬果自給自足）也立即
陷入經濟困境。對於工讀互助團的失敗，知識分子衍生出不
同立場、路線。例如當時參與運動的少年中國學會不久就出
現分化，一部分人認為要用緩進的教育和實業方式來創造新
社會，另一部分卻對緩進改造的方式失去信心和耐性，主張
以激進的革命方式去爭取新社會。後者以馬克思主義者為主，
成員包括李大釗、惲代英（1895—1931）、鄧中夏、毛澤東，
他們當時與陳獨秀關係密切，思路可作參考。陳獨秀早期繼
承了彌爾、孔德的效益主義與實證主義思想，重視以「厚生利
用」等實業之道來改造社會，「實利」與「科學」可視為並列的
概念，分別跟「虛文」與「想像」相對立。[42] 可是到了 1920 年
以後，他逐漸排斥實利制度，並接受社會主義思想，認為當
下社會結構造成資源不均，實業制度無助於改善窮人生活狀

40　唐寶林：《陳獨秀全傳》，頁 139—142。

41　趙泓：《中國人的烏托邦之夢：新村主義在中國的傳播及發展》，頁 135—139。

42　陳獨秀：〈敬告青年〉，《陳獨秀著作選編》，第 1 卷，頁 161—162。

況，必須找出更徹底解決階級問題的方法，即發動羣眾革命。於是，科學的角色也出現微妙的變化，由早期與實利並列的關係，轉為一種與之敵對，能夠為革命所用的工具。

其次，朱謙之的唯情哲學在 1920 年前後展開，他的〈虛無主義與老子〉(1920) 預早提出科學方法不能求得宇宙之根本原理，又將老子的「無知之知」解作「直覺」，從而聯結虛無主義、無政府主義的思潮。[43]〈新生活的意義〉(1920) 將新村運動的失敗歸因於沒有徹底覺悟，提倡「自我的」「主情意的新生活」。[44] 朱謙之一套反知識科學，主情志的理論，很快就引起科學支持者的警覺心。1921 年，《新青年·通信》刊登了署名皆平的來信，信中向陳獨秀談論廣東發展科學的情況，亦批評了朱謙之的思想違反科學：「他們 [按：易家鉞、朱謙之] 時常以為真理是可以由『意志』求來的，忘卻只有智慧才能給出普遍承認的『真理』。如是，他們常常陷在感情阱裏，來對人接物。」[45] 陳獨秀回信答曰：

> 不但中國，合全世界說，現在只應該專門研究科學，已經不是空談哲學的時代了。[……] 今後我們對於學術思想的責任，只應該把人事物質一樣一樣地分析出不可動搖的事實來，我以為這就是科學，也可以說是哲學。若離開人事物質底分析而空談甚麼形而上的哲學，

43　朱謙之：〈虛無主義與老子〉，《新中國》，第 2 卷，第 1 期 (1920 年)，頁 110—115。

44　朱謙之：〈新生活的意義〉，《新社會》，第 16 期 (1920 年)，頁 2—5。

45　《新青年》，第 9 卷，第 2 期，頁 1—5。

都用這種玄杳的速成法來解決甚麼宇宙人生問題，簡直是過去的迷夢，我們快醒了！試問人事物質而外，還有甚麼宇宙人生？聽說朱謙之也頗力學，可惜頭腦裏為中國、印度的昏亂思想佔領了，不知道用科學的方法研究人事物質底分析。他此時雖然出了家，而我敢說他出家不會長久。出家也好，在家也好，不用科學的方法從客觀上潛心研究人事物質底分析，天天用冥想的方法從主觀上來解決宇宙人生問題，亦終於造謠言説夢話而已。[46]

不久後，朱謙之出版《革命哲學》(1921)，又發表〈唯情哲學發端〉(1922)。[47] 他受到柏格森《創化論》，德國心理學家馮德 (Wilhelm Wundt, 1832–1920) 的情感理論和禪宗、陽明心學等思想資源的啟發，提出「反知復情」的革命主張，認為革命需要的是「真情」這種內在動力，並不需要理性分析。[48] 這種唯情感主義，儘管在革命的話題上與陳獨秀的立場一致，在情感與理性的辯證關係上，兩人觀點卻是大相徑庭，歷史觀也截然有別。朱謙之提出的是唯心史觀 (《革命哲學》第十章)，而陳獨秀在科玄論戰亮出的武器卻是唯物史觀。因此，即使二人書信來往不多，但一場情理之爭可謂明確地隔空開展。陳獨秀早期主張理性至上，後來發現情感之重要，才正

46　陳獨秀：〈答皆平 (廣東 —— 科學思想)〉，《陳獨秀著作選編》，第 2 卷，頁382。此外，朱謙之也曾寄信反對陳獨秀在教育問題上的主張，得陳獨秀回信，參考陳獨秀：〈答朱謙之 (開明專制)〉，《陳獨秀著作選編》，第 2 卷，頁 392。

47　朱謙之：《革命哲學》(上海：泰東圖書局，1921 年)。朱謙之：〈唯情哲學發端〉，《民鐸雜誌》，第 3 卷，第 3 期 (1922 年) 頁 1—11。

48　肖鐵：〈一個唯情主義者的發明 —— 朱謙之的「我」兼論現代性的「內轉」〉，《思想與文化》，2016 年第 1 期，頁 172—191。

視孔德後期的實證主義思想，認為理性與情感各居其位，不應偏廢。朱謙之的唯情主義一方面是質疑理性，另一方面是援用傳統心學資源，這兩點無疑都會觸動陳獨秀的神經，引起其戒心。尤其這還牽涉到心學等虛玄學說，有重彈舊中國老調子之嫌。其時距離新文化運動和五四運動不過數年，啟蒙事業才剛站穩腳，這股結合東西方文化形成的唯情學說無疑對科學理性造成了威脅，陳獨秀因而對情感採取了較為保守的立場，並尋求科學威權之道以作抗衡。

再次，非基督教運動又是陳獨秀之宗教立場的轉捩點，他在運動期間公開表明需要積極發展理智，情感需要有限度。1922 年文化界發起非基督教運動，上海和北京相繼在 3 月初組成同盟組織，反對世界基督教學生同盟在 4 月 4 日舉行大會。3 月 9 日發表的〈上海非基督教學生同盟宣言及通電〉斥責基督教及基督教會為資本主義社會下的惡魔，認為基督教會協助了有產階級掠奪和壓迫無產階級。[49] 3 月 21 日又有七十餘名學者聯同發表〈非宗教大同盟宣言〉，用辭頗為激進，例如說基督教「以博愛為假面具騙人」，與科學真理、人道主義並不相容，以為「宗教與人類，不能兩立」。[50] 儘管陳獨秀也是聯署者之一，但翻看他在 3 月 15 日以個人身份寫下的〈基督教及基督教會〉，程度上稍有不同。他主張批評基督教應該分教義與教會兩面觀察。在基督教教會方面，他除了

49　唐曉峯、王帥編：《民國時期非基督教運動重要文獻匯編》（北京：社會科學文獻出版社，2015 年），頁 533—534。

50　同上書，頁 535—536。

引用西方基督教歷史外，也以中國基督教會的罪行來指出其
墮落，包括 1897 年發生在青島的「膠州灣事件」，廣東教會誘
人入教的醜聞等。至於基督教教義，他則以上帝全能全善相
矛盾，耶穌行奇跡和復活等否定相關教義，並修訂對基督教
精神的說辭：「博愛、犧牲，自然是基督教教義中至可寶貴的
成分。但是在現在帝國主義、資本主義的侵略之下，我們應
該為甚麼人犧牲，應該愛甚麼人，都要有點限制才對，盲目
的博愛、犧牲反而要造罪孽。」[51] 6 月又寫了〈對於非宗教同
盟的懷疑及非基督教學生同盟的警告〉，認為消極地掃蕩宗教
性並不足夠，還需要積極地發展理智性。[52]

　　一個容易被忽略的事實是，陳獨秀在非基督教運動中的
角色與共產國際有直接關係。1920 年蘇俄成立共產國際遠
東書記處，3 月共產國際代表沃伊京斯基（Grigori Voitinsky,
1893-1953）來華拜會陳獨秀，邀其成立中國共產黨。儘管
在 1921 年中國共產黨成立初期，陳獨秀和共產國際代表馬林
（Henk Sneevliet，化名 Maring，1883—1942）對革命路線曾
有分歧，但他原則上是服從共產國際命令的。[53] 根據陶飛亞的
研究，非基督教運動並非民眾自發的運動，而是在俄共與共
產國際遠東局、青年國際的直接指導下，由中國共產黨發起

51　陳獨秀：〈基督教及基督教會〉，《陳獨秀著作選編》，第 2 卷，頁 430。

52　陳獨秀：〈對於非宗教同盟的懷疑及非基督教學生同盟的警告〉，《陳獨秀著作
　　選編》，第 2 卷，頁 456。

53　例如 1922 年 3 月共產國際要求中國共產黨以個人身份加入國民黨以奪取權力，
　　陳獨秀明確表示反對，但翌年在馬林以組織名義下達命令之下也選擇服從。

並領導，也包括國民黨等組織成員參與的政治鬥爭。[54] 中共通過策動非基督教運動，以達到團結人民反帝國主義的目標，當時身為中共中央局書記的陳獨秀對此不但知情，更是參與其中。在此背景下，他重新評價宗教與情感，順應政黨的指令，必須反對基督教會，但他對基督教教義或精神（亦即情感部分）的態度，包括情感需要有點限制的説法，都顯得折衷。他在〈基督教及基督教會〉結尾甚至把話語權交到旁人手上：「我始終總覺得基督教與基督教會當分別觀察，但是我的朋友戴季陶先生，他堅説基督教教會之外沒有基督教，不知道教會中人對此兩説作何感想？」[55] 可見，陳獨秀在宗教問題的立場也不免受政治漩渦裏挾。盟友李大釗在〈非宗教論〉也對陳獨秀作出批評，認為基督教在本質上有違自由、平等，其博愛不在自由、平等之基礎上，使人忘記現實生活中的不平等，反而助長了資產階級的特權：

> 即如基督教義中所含的無抵抗主義，如「人批我左頰，我更以右頰承之」「人奪我外衣，我更以內衣與之」「貧賤的人有福了」「富者之入天國，難於駱駝之度針孔」等語，其結果是不是容許資產階級在現世享盡他們僭越的掠奪的幸福，而以空幻其妙的天國慰安無產階級在現世所受的剝削與苦痛？是不是暗示無產階級以安分守己的命示，使之不必與資產階級爭抗？是不是以此欺騙無

54 　詳參陶飛亞：〈共產國際代表與中國非基督教運動〉，《近代史研究》，2003 年第 5 期，頁 114—136。

55 　陳獨秀：〈基督教及基督教會〉，《陳獨秀著作選編》，第 2 卷，頁 431。

產階級而正足為資產階級所利用？資產階級是不是聽到
這等福音便拋棄他們現世的幸福而預備入天國？這是大
大的疑問。[56]

所以，陳獨秀在非基運動中不提寬恕，後來連博愛、犧
牲的旗幟也在此背景下退到後台了。

以上三點對於陳獨秀的科學觀念產生了一定的影響，使
他最終在科玄論戰中提出全新的一套科學方案。科玄論戰最
初只是張君勱、梁啟超和丁文江、胡適等兩派的論爭，直至
年末，泰東圖書局和亞東圖書館各自匯印科學與人生觀的文
章出版，以爭奪歷史話語權。泰東圖書局編的《人生觀之論
戰》委託了張君勱作序，[57]而亞東圖書館的主人汪孟鄒（1878—
1953）則委託陳獨秀與胡適作序。[58]胡適此前已經寫過文章參
與論戰，陳獨秀的序言卻是他首次回應科玄論戰的文章，也
標誌着唯物史觀派進場。學界對論戰過程之撰述詳盡，本章
無意續貂，以下僅以陳獨秀之立場出發，分析他對其餘兩派
之不滿，旨在理解他如何以唯物史觀回應這場論戰。

陳獨秀與人生觀派的爭論，關鍵在於因果律與自由意志
的問題上。首先，張君勱認為社會上不同人有不同人生觀的

56　李大釗：〈宗教與自由平等博愛〉，載中國李大釗研究會編註：《李大釗文集》（北
　　京：人民出版社，1999 年），第 4 卷，頁 214—216。文章署名李守常。

57　郭夢良編：《人生觀之論戰》，甲編、乙編、附錄三冊（上海：泰東圖書局，
　　1923 年）。

58　汪孟鄒編《科學與人生觀》有上、下兩冊，1923 年在上海亞東圖書館出版。筆
　　者以下使用的版本是張君勱、丁文江等著，汪孟鄒編：《科學與人生觀》（台北：
　　問學出版社，1977 年）。

現象不受因果律而影響，陳獨秀並不同意，在文章中運用孔德的三階段論來反擊：

> 孔德分人類社會為三時代，我們還在宗教迷信時代。你看全國最大多數的人，還是迷信、巫鬼、符咒、算命、卜卦等超物質以上的神祕；次多數像張君勱這樣相信玄學的人，舊的士的階級全體，新的士的階級一大部分皆是，像丁在君這樣相信科學的人，其數目幾乎不能列入統計。現在由迷信時代進步到科學時代，自然要經過玄學先生的狂吠，這種社會的實際現象，想無人能夠否認。倘不能否認，便不能不承認孔德三時代說是社會科學上一種定律。這個定律便可以說明許多時代、許多社會、許多個人的人生觀之所以不同。[59]

在陳獨秀看來，人生觀之不同只是社會進化的過程，但終極階段卻是科學時代，需要由科學的人生觀來指導生活。他繼而提出人生觀不能脫離客觀環境，不是主觀的意志能導致的，又對張氏所提出的九項人生觀逐一以社會因果律駁回：

> 他們如此不同的見解，也便是他們如此不同的人生觀，他們如此不同的人生觀，都是他們所遭客觀的環境造成的，決不是天外飛來主觀的意志造成的，這本是社會科學可以說明的，決不是形而上的玄學可以說明的。[……]以上九項種種不同的人生觀都為種種不同客觀

59　陳獨秀：〈《科學與人生觀》序〉，《陳獨秀著作選編》，第 3 卷，頁 141—146。引文出自頁 142。

的因果所支配，而社會科學可一一加以分析的論理的説明，找不出那一種是沒有客觀的原因，而由於個人主觀的直覺的自由意志憑空發生的。[60]

陳獨秀強調的是客觀環境的因素，張君勱談的是個人自由意志的因素。這裏背後雖然涉及到歷史因果論和個人自由意志的哲學命題，但實際上並不是論爭的重點，論戰的真正核心是科學（主要指社會科學）的權限問題。梁啟超在〈人生觀與科學〉裏就直接指出：「人生問題，有大部分是可以 —— 而且必要用科學方法來解決的。卻有一小部分 —— 或者還是最重要的部分是超科學的。」[61] 這一小部分就是關於情感方面的事項，包括他所説的「愛先生」和「美先生」。在陳獨秀的序言中並未有正面回應到情感問題，只是粗略地以物質變化的角度來解釋「情感」：「感官如何受刺激，如何反應，情感如何而起，這都是極普通的心理學。關於情感超科學這種怪論，唐鉞已經駁得很明白」。[62] 這裏只將個人的感官反應和情緒變化訴諸心理學（社會科學的一種），未對個人的主觀意願

60　同上書，頁 142，144。

61　梁啟超：〈人生觀與科學〉，張君勱、丁文江等著，汪孟鄒編：《科學與人生觀》（台北：問學出版社，1977 年），上冊，頁 171—184。引文出自頁 174。

62　陳獨秀：《科學與人生觀》序，《陳獨秀著作選編》，第 3 卷，頁 144。陳獨秀在這裏最主要指的應該是唐鉞〈心理現象與因果律〉一文。其實唐氏在此文開首就言明，「篇中關於心理學內部的問題，都沒有精密詳細的討論」，「只能説個大概以便做討論的材料而已」，又説「我的主張 —— 一切心理現象都是有因的 —— 當然不是已經完全證實的。」儘管文章中引述和回應到彌爾、柏格森、杜里舒、羅素（Bertrand Russell, 1872–1970）、泡爾生等諸家之見，卻較近於論綱，非陳獨秀所説的「駁得很明白」。見唐鉞〈心理現象與因果律〉，《科學與人生觀》，頁 291—306。

和自由意志作出任何解釋。他說「心即是物之一種表現」這一點，也是順着機械唯物主義解釋心理現象的思路來立論。說到底，陳獨秀在此時一心要討論的不是個人層面上自由意志的問題，而是社會層面上社會結構（階級）如何變動的問題。直到後來胡適寫文章反駁，他才稍為回應了這一點。相較稍前對情感之重要的察覺，此時他又回到了唯物一元論的立場，將情感或意志的問題壓下，並趕急地要建立起科學威權來支持自己的新信仰 —— 馬克思主義思想。

陳獨秀對科學派的批評在於他自己徹底地反對科學存疑論，認為科學有絕對的權力來指導一切。例如科學派的丁文江在〈玄學與科學〉把「科學知識論」說成一種「存疑的唯心論」，由於感官是惟一知識物體的方法，因此人不能用別的方法來證明感官之外的物體。[63] 丁文江意圖說明科學實證不得有感官以外的證據，而由感官所得的證據則以科學方法來驗證和推論。因此，科學有必要對無證據的事物「存而不論」，而張君勱等人生觀派就是將該「存而不論」的東西拿來討論。丁文江重視科學方法：「科學的方法是辨別事實的真偽，把真實取出來詳細的分類，然後求他們的秩序關係，想一種最單簡明瞭的話來概括他。所以科學的萬能，科學的普遍，科學的貫通，不在他的材料，在他的方法。」[64] 其科學觀念明顯有經驗主義和不可知論的色彩。陳獨秀對此直接批評：

63　丁文江：〈玄學與科學〉，《科學與人生觀》，頁 15—44。

64　同上書，頁 20。

他〔按：丁文江〕自號存疑的唯心論，這是沿襲了赫胥黎、斯賓塞諸人的謬誤，你既承認宇宙間有不可知的部分而存疑，科學家站開，且讓玄學家來解疑。此所以張君勱說：「既已存疑，則研究形而上界之玄學，不應有醜詆之詞。」其實我們對於未發見的物質固然可以存疑，而對於超物質而獨立存在並且可以支配物質的甚麼心（心即是物之一種表現），甚麼神靈與上帝，我們已無疑可存了。說我們武斷也好，說我們專制也好，若無證據給我們看，我們斷然不能拋棄我們的信仰。[65]

他因此認為丁文江、胡適等人的科學觀不夠徹底：「有一種可以攻破敵人大本營的武器，他們素來不相信，因此不肯用」。[66]這個武器就是唯物史觀。陳獨秀受孔德影響，認為不同學科採用的方法也有所不同。他從 1920 年起逐漸區分自然科學與社會科學，同期接受馬克思主義思想。在這種背景下，陳獨秀以唯物史觀作為社會科學的理論基礎。他說：「我們相信只有客觀的物質原因可以變動社會，可以解釋歷史，可以支配人生觀，這便是『唯物的歷史觀』。」[67]這跟早期陳獨秀所說的「賽先生」已經有很大的差別了。

陳獨秀寫下序言後很快就遇上胡適的反駁。在胡適看來，思想、知識等都是客觀的原因，都能解釋歷史，經濟不是惟一的解釋方法，而且指出唯物史觀與自由意志之間的內

---

65 陳獨秀：〈《科學與人生觀》序〉，《陳獨秀著作選編》，第 3 卷，頁 141。

66 同上註。

67 同上書，頁 146。

在矛盾。[68] 陳獨秀在〈答適之〉和〈答張君勱及梁任公〉裏作出辯解，[69] 又援引了一篇美國馬克思主義理論家 Louis B. Boudin (1874-1952) 在 *The Theoretical System of Karl Marx: In the Light of Recent Criticism*（1907，陳譯為「馬克思學説之體系」）書後附錄的文章 "The Materialistic Conception of History and the Individual"[按：唯物史觀與個人]，嘗試解釋唯物史觀與個人自由意志並不矛盾。[70]「在社會的物質條件可能範圍內，唯物史觀論者本不否認人的努力及天才之活動。[……] 人的努力及天才之活動，本為社會進步所必需，然其效力只在社會的物質條件可能以內。思想知識言論教育，自然都是社會進步的重要工具，然不能説他們可以變動社會解釋歷史支配人生觀和經濟立在同等地位。」[71] 陳獨秀文中最重要的還是回到了科學是否萬能的問題上：

> 適之只重在我們自己主觀的説明，而疏忽了社會一般客觀的説明，只説明瞭科學的人生觀自身之美滿，未説明科學對於一切人生觀之威權，不能證明科學萬能，使玄學游魂尚有四出的餘地。我則以為，固然在主觀上須建設科學的人生觀之信仰，而更須在客觀上對於一切超科學的人生觀加以科學解釋，畢竟證明科學之威權是

68　胡適：〈答陳獨秀先生〉，《陳獨秀著作選編》，第 3 卷，頁 146—147。

69　陳獨秀：〈答適之〉，《陳獨秀著作選編》，第 3 卷，頁 166—169。陳獨秀：〈答張君勱及梁任公〉，《陳獨秀著作選編》，第 3 卷，頁 284。

70　Louis B. Boudin, *The Theoretical System of Karl Marx: In the Light of Recent Criticism* (Chicago: C. H. Kerr & Company, 1907), appendix II, 272-277.

71　陳獨秀：〈答適之〉，《陳獨秀著作選編》，第 3 卷，頁 169。

萬能的，方能使玄學鬼無路可走，無縫可鑽。[72]

儘管在 1920 年的〈新文化運動是甚麼？〉陳獨秀就將科學分為自然科學、社會科學兩者，提及到社會科學也應有科學的威權，但當時對情感的作用留有餘地。直到二十年代起，人生哲學和唯情論日漸盛行，陳獨秀採取了極端的反抗立場，以唯物史觀回應，「賽先生」的意涵也從自然科學完全過渡至社會科學乃至馬克思主義思想。他堅信唯物史觀具有可以支配人生觀的威權。不過，情感是否就此退場了？以下嘗試提出一種新的看法。

五、情感內核

本章以孔德學說為視角來審視陳獨秀的思想轉折，除了看出兩人對宗教與科學、情感與理性話題上非常類似的思考外，還有意帶出五四「新信仰」問題上的一點思考。高力克在講述五四科學主義與人文宗教時指出，「科學主義者儘管對傳統採取決絕的激烈態度，但其建構的新信仰卻仍是典型中國式的，這種『新信仰』或『科學的人生觀』實則仍未脫中國人文宗教的傳統」。他又引用了錢穆（1895—1990）認為西方缺乏人情，儒學乃「人情、物理、天心」三位一體一元論的觀點，說明五四科學主義者的新信仰未脫儒家天人合一的人文宗教

72　同上書，頁 166—167。

範式。[73] 就陳獨秀的個案來說，高氏的觀點揭示了採納唯物史觀來建立科學霸權的行為背後隱藏的人文關懷，即儒家之「人情」（以下用「社會愛」來指稱）。

從這點出發，結合前文的觀察，我們會進一步發現這種情並不是儒家獨有。在孔德學說中的愛就是一種以社會羣體之和諧為考量的情，連同聖西門所主張的「人人兄弟相待，在神面前平等」，馬克思主義中的階級平等觀念，以及陳獨秀於牢房領悟到的《聖經》中耶穌「平等的博愛精神」，都是可以貫通的。

情感與理性並非二元對立，即如蔡元培主張情感啟蒙之餘也不否定科學理性，又如吳稚暉（1865—1953）在科玄論戰中的立場也是偏向情理並重的一邊。[74] 本章提出，陳獨秀後期推崇馬克思主義與唯物論，表面上將情感排除在外，事實上其原點難以脫離跟情感的關係。晚近社會學學者 Frank Weyher 就提出，馬克思理論本來不乏情感，只是主流閱讀和研究偏重於採用知性、理性的詮釋，壓抑了原本理論中情感

73　高力克：《五四的思想世界》（上海：學林，2003 年），頁 138。錢穆原文：「故人情、物理、天心，在中國思想中，常求能一以貫之，成為三位一體。西方則以宗教識天心，科學研物理，哲學則仍側重在天心、物理上而忽略人情。」錢穆：《中國思想史》（台北：學生書局，1992 年），頁 280。筆者對錢穆的說法有所保留，例如西方宗教除識天心外，亦有兼治人情的部分，倭伊鏗的人生哲學、席勒的美育等都是針對人情而發的哲學。

74　吳稚暉當時發表了〈箴洋八股化之理學〉批判張君勱對科學的攻擊，另一篇文章〈一個新信仰的宇宙觀及人生觀〉卻又站在人生觀派的一方。有關吳稚暉在科玄論戰中的思想，可參考彭小妍：《唯情與理性的辯證：五四的反啟蒙》，頁 336—341。

的重要性。[75] 他引用馬克思在早期文章中提到的感官的存有
（sensuous being）和受苦的存有（suffering being）來指代人類。
同時，他指出馬克思將情感（passion）和情緒（emotion）視為
構成勞動主體乃至社會系統的基要。在陳獨秀追求科學理性
的路上，情感本身就內在於科學理性的目的之中，參與了他
對思想資源的抉擇。因此，陳獨秀反覆引述孔德三階段論以
及馬克思唯物論的背後，潛藏了他對於孔德整套社會愛與實
證主義系統的認同，希望建立以愛、進步與秩序為目標的實
證科學時代。

六、結語

郭穎頤（Danny Wynn-ye Kwok, 1932- ）在《中國現代
思想中的唯科學主義，1900—1950》（*Scientism in Chinese
Thought, 1900—1950*, 1965）中指出，陳獨秀的科學觀是一種
反傳統、反宗教、唯物的信仰，是一種唯物論的科學崇拜。[76]
此後研究者一再重複這種論調，認為陳獨秀就是典型的科學
主義者。不過，筆者以為這並無助於進一步探究其內涵，反
而囿限了我們去認識這些被認定是偽科學、偽理性的事物在
矛盾與掙扎中激烈產生的過程。沈德容（Grace Yen Shen）在
一篇反思科學主義的論文中就尖銳地點出，無論在何含義，
這些傾向以偏離「真」科學的方式來定義科學主義的趨勢，都

75　Frank Weyher, "Re-Reading Sociology via the Emotions: Karl Marx's Theory of Human Nature and Estrangement," *Sociological Perspectives* 55:2 (2012.5), 341–363.

76　郭穎頤著，雷頤譯：《中國現代思想中的唯科學主義，1900—1950》（南京：江蘇人民出版社，1990 年）。

會招來「科學主義有多科學化」的問題。但如同追問「太平天國有多忠於基督宗教」,這些問題無法使我們貼近運動本身對文化、社會或政治的影響。[77] 筆者以情感與理性的辯證為焦點,在跨文化的角度追蹤陳獨秀如何在上一章提及的海克爾以及本章所指的孔德兩家學説中作出反省與轉化,揭示他對情理問題的思想歷程,注重的是過程而非只是結果。儘管陳獨秀常在文章中斷言科學理性將在未來統領一切知識,後來又要以唯物史觀建立科學之於一切知識的威權,但本章希望點出情感一直參與其中。陳獨秀自始至終都充滿濃厚的人文關懷,尤重於對底層民眾、國族同胞的關愛,亦即徐偉所説的「大我主義」。[78] 這份強烈的入世精神形成了陳獨秀思想中的情感內核,這種救世情懷也是他一直以來在基督教精神中都比較肯定的一部分。

後來陳獨秀在孔德的實證主義中找到共鳴在科學思想和方法上,實證主義將科學分成不同類別,各有專屬的研究方法,並組合成一個有機的體系。陳獨秀認為,這一體系提供了可以研究和解答社會中一切問題(包括人生問題)的願景。而在情感結構方面,波蘭哲學家萊謝克·科拉科夫斯基(Leszek Kolakowski, 1927-2009)指出,孔德整套實證主義思想信念特色之一就是注重羣體性(collectivity)而非個體

77　Grace Yen Shen, "Scientism in the Twentieth Century," in *Modern Chinese Religion II: 1850-2015* vol. 1, ed. Vincent Goossaert, Jan Keily and John Lagerway (Leiden: Brill, 2015), 92. 文中為筆者自譯

78　徐偉:〈陳獨秀的「大我主義」及其思想困境〉,《二十一世紀》(雙月刊),總第140 期(2013 年 12 月號),頁 85—98。

(individual)，將人的存在（existence）視為完全以其社會地位去決定的存有（being）。將這點推向極致，則構成了極端的反個人主義論，將人類個體非實在化，將人道（humanity）視為惟一實在的個體。[79] 因此，孔德學說不但在科學思想和方法上能滿足了陳獨秀對改造社會的願望，在情感上也跟陳獨秀的大我主義相合。不過，孔德最終將人道以宗教形式實踐，形成了後期的人本教，而陳獨秀對宗教的神祕色彩和儀式非常排斥，此乃二人思想分歧所在。

總括而言，本章提出陳獨秀思想具有一個情感內核，馬克思主義思想中對普羅的關愛正是先滿足了這個情感內核，才使得陳獨秀最終接受以唯物史觀來解釋人類社會。因此，情感沒有被拋棄，反之始終參與其中。如此一來，陳獨秀在情理之間的轉向與掙扎，也正好體現了情感與理性之辯證的弔詭。在海克爾、孔德、陳獨秀的思想中，似乎隱然地提示着情感和理性始終緊密相扣，難以全然分割。

79　萊謝克·科拉科夫斯基著，高俊一譯：《理性的異化 —— 實證主義思想史》（新北：聯經出版公司，1988 年），頁 74。

第四章

真怪可存：
蔡元培對井上圓了學說的接受

蔡元培是將西方情感啟蒙引入中國的先行者之一，1910年代由他領起的美育運動在民國時期獲得全國藝術學校師生響應。五四時期蔡元培又促成《美育》雜誌的創刊，聯結起藝術界人士集思如何落實美育，建設美的社會，對後世藝術教育發展有深遠影響。前人已指出民國美育運動與日本、德國美育思潮聯結，又與人生觀論述的理念合流。[1] 在此背景下，蔡元培早期如何看待這些域外思潮，從何時起接受非理性思潮，值得探視。

甲午以後，清末文人紛紛轉向西學。其時在翰林院工作的蔡元培本來就同情維新派，後來譚嗣同之死使之對清政府感到失望，離開翰林院，並開始接觸西學。1898年，他與友人合設東文學社，學讀日文書，同時任紹興中西學堂監督，積極招募日本教員和引入日本教育制度。從他第一批翻譯出來的外文資源來看，井上圓了代表着其吸收域外思想的起點，舉足輕重。例如〈佛教護國論〉（1900）、〈學堂教科論〉（1901）直接參考井上學說，〈哲學總論〉（1901）則為井上《佛教活論》第二卷《顯正活論》之節譯。另外，1900年至1903年期間，蔡元培日記多處提及井上的著作《妖怪學講義》《哲學一朝話》《佛教外道哲學》《宗教新論》等。[2] 蔡元培最初受井上學說中以宗教（佛教）復興來護國的觀念所吸引，不久便轉向對妖怪學感興趣。其中，有大量關於心與物，表象與實體，情感與

1　彭小妍：《唯情與理性的辯證：五四的反啟蒙》，頁190—191。

2　王青：〈蔡元培と井上圓了における宗教思想の比較研究〉，《国際井上圓了研究》，第1期（2013年3月），頁118—129。

智力的辯證思考等，又在知識論層面討論了「迷信」與「真怪」的議題，是對啟蒙辯證極其重要、深刻的反省。

　　井上圓了（又名井上甫水）生於寺院之家，熟悉日本近代佛教的原理和發展，又接受過歐陸哲學的訓練，行文間常現康德、斯賓塞、孔德的影子。井上的妖怪學一方面試圖確立理性以對抗迷信、異信，即「拂假怪」；但另一方面，他又對於科學理性至上的理性啟蒙提出異議，保宗教於理性之外，認為人要透過宗教與學術來揭示宇宙的本體及終極意義，即「開真怪」。這種對理性的反思是歐、日兩地思想擦撞之下獨特的現代性產物，也是蔡元培接觸現代思想的起點。井上對蔡元培的影響，近十年始有學者關注。[3] 蔡元培從中得到甚麼範圍和程度的影響，又如何影響後來之美育倡議，學界尚未達共識。例如，王青提出蔡元培受井上之影響在於科學方法以及為中國建設科學與民生的政治訴求上，而非佛教思想，本章卻認為蔡元培所接受的不限於理性啟蒙，更在於對理性啟蒙的超越，即所謂反啟蒙。

　　本章集中審視井上學說中對啟蒙與反啟蒙、理性與非理性的辯證思考，釐清他為蔡元培提供了怎樣的新學觀照，藉此了解蔡元培的美育運動是如何在跨文化脈絡下產生。本章將先追溯他在 1900 年前後鑽研新學至 1906 年翻譯出版《妖

3　王青論文見上註；廖欽彬：〈井上圓了與蔡元培的妖怪學 —— 近代中日的啟蒙與反啟蒙〉，《中山大學學報（社會科學版）》，2017 年第 2 期，頁 169—176；楊光：〈再思「美育代宗教」—— 在 20 世紀早期美學與佛學關係中的一個考察〉，《鄭州大學學報（哲學社會科學版）》，2018 年第 2 期，頁 19—24。

怪學講義》這段時期，如何自井上圓了之學說中承接西方啟蒙
議題的辯證思考。繼而，對照其五四時期的美育倡議，從而
展現蔡元培以美育代宗教的思想起點不在其於德國學習美學
時期，而是其更早在日本就遇到的宗教啟蒙。

一、井上圓了與明治時期的宗教處境

　　井上圓了提出的佛學及哲學觀點，跟日本社會之宗教
發展關係極其密切，其精神內核是在當時東洋特殊文化背景
下形成的啟蒙思辨。[4] 在十九世紀末日本知識分子遇上歐美
"religion" 的概念，以及將其翻譯為「宗教」，背後涉及了宗教
概念的集體理解。渡邊浩提出，"religion" 從明治初年「法教」
「教門」「神道」等譯詞中轉向「宗教」且作穩定使用，實源於
儒學意義上「教化」之「教」（而不是「法」），是一種通向「天
理人道」的引領、指導方法。[5] 在這種「宗教」概念的理解方
式之下，日本知識分子認為宗教之存在是為了振興「臣民道
德」，亦逐漸走向後來 1912 年「三教會同」的局面，宗教有維
護皇權的責任。

4　有關井上學說的研究，可以參考以下論文：Gerard Clinton Godart, "Tracing the Circle of Truth: Inoue Enryō on the History of Philosophy and Buddhism," *The Eastern Buddhist* 36, no. 1–2 (2004), 106–33. 長谷川琢哉：〈井上円了における「仏教」・「宗教」・「道徳」・「哲学」：明治中期の道徳教育をめぐる論争を背景として〉，《井上円了センター年報》，第 26 期（2017 年），頁 67–94。

5　渡邊又綜合福澤諭吉（1835—1901）、矢野龍溪（1851—1931）、井上毅（1843—1895）、西村茂樹（1828—1902）等的看法，說明在明治時代「宗教」概念的接受與摸索最終歸結為明治天皇制國家的構造，與天皇密切結合的國家神道具有高於別的宗教的地位。渡邊浩：〈從 "Religion" 到「宗教」——明治前期日本人的一些思考和理解〉，《復旦學報（社會科學版）》，2017 年第 3 期，頁 2—8。

　　這段時期的政教關係紛雜，[6] 篇幅之限，以下扼要説明。
日本帝國政府在明治維新時期對宗教有兩項重要的政策，一
是明治政府在 1868 年下達「神佛分離令」（神仏判然令），[7]
一是取消基督教傳教禁令。一方面，「神佛分離令」明確區分
了天皇信奉的國家神道與佛教兩者，其後逐步以「神社神道」
與「皇室神道」兩種概念結合成為「國家神道」，以強化天皇
統治的合理性，把神道定位為一種道德與愛國的實踐。其中
尤以 1890 年 10 月以天皇名義發表的《教育勅語》為代表，弘
揚了儒學忠孝思想、神統思想與國家主義合一的主調，[8] 信奉
神道因而是國民義務而不是宗教（又稱「神社非宗教論」）。然
而這一思想卻受民間誤解而引發了「廢佛毀釋（廃仏毀釈）運
動」，全國各地的佛寺、佛像、經書遭受破毀，也有僧人因而
還俗避禍，佛教大受排斥。[9] 另一方面，天主教教士自十六世
紀起到日本傳教，與當地神道與佛教發生衝突，於是豐臣秀
吉（1537—1598）在 1587 年平定九州後下「伴天連追放令」嚴
格區分傳教與貿易。[10] 江戶時代起，德川幕府的禁教行動更為
嚴厲，殉教者不計其數，基督教完全不能在日本傳教。這項

6　例如政府對宗教團體應放任自由還是干涉，帝國憲法中「信教自由」的檢討、
　　神道與政府的關係（久米邦武事件、神祇官再興問題）、神社與國家的關係、耶
　　教與神道之對抗（內村鑑三不敬事件）等，皆為重要議題。參考羽賀祥二：《明
　　治維新と宗教》（東京：筑摩書房，1994 年），頁 220—242。

7　張大柘：《宗教體制與日本的近現代化》（北京：宗教文化出版社，2006 年），頁
　　48—49。

8　同上書，頁 10—40。

9　周佳榮：《近代日本文化與思想》（香港：商務印書館，2015 年），頁 52—55。

10　「伴天連」是葡萄牙語 padre 的譯音，有神父、傳教士的意思，「伴天連追放令」
　　就是放逐傳教士的意思。

禁令就在明治六年（1873）正式取消，日本重新開放基督教傳播，歐美的天主教和基督教不同宗派都派出佈道團傳教並着手成立教會。海老名彈正、內村鑒三（1861—1930）、植村正久（1858—1925）、小崎弘道（1856—1938）等重要的日本神學家都是在這段時期接受基督教思想的，可見基督教勢力在這段時期的擴張。[11]

上述兩項政策造成了佛教的內憂外患，一方面是神、佛分家的局面令佛教陷入衰落滅絕的危機，另一方面是海外的基督教不同宗派都在日本開始傳教，使佛教位置更為岌岌可危。在宗教界之外，科學的傳入自然也對宗教本身造成威脅。例如，跟井上圓了同樣身為政教社成員的杉浦重剛（1855—1924）和菊池熊太郎（1864—1908）就提出「理學宗」的概念，以科學（物理學）結合道德（古代理學）作為宗教之代替物。[12]這段時期，佛教雖然被壓抑，可是當佛教在原有「神佛習合」系統中脫離出來，佛教的宗教主體也就獨立鮮明起來，驅使到一些佛教分子積極投身於復興佛教的運動，而井上圓了正是其中之重要一員。[13]

11　古屋安雄等著，陸若水、劉國鵬譯：《日本神學史》（上海：三聯書店，2002 年），第 1 章，頁 11—46。

12　參考所功：〈東宮「倫理」担当杉浦重剛の「教育勅語」御進講〉，《明治聖德記念學會紀要》復刊第 47 號（2010 年 11 月），頁 48—50，第 1 節「杉浦重剛の略歴と『理学宗』」。長谷川琢哉：〈井上円了における「仏教」・「宗教」・「道德」・「哲学」：明治中期の道德教育をめぐる論争を背景として〉，頁 74—78，第 2 節「宗教の代替物としての『理学宗』」。

13　有關十九世紀末日本社會對西學、基督教、佛教三者之糾纏，可以參考 Notto R. Thelle, "Buddhist Concern about Christianity," in *Buddhism and Christianity in Japan: From Conflict to Dialogue, 1854—1899* (Honolulu: University of Hawaii Press, 1987), 80–94.

　　井上圓了是日本近代佛教發展的重要思想家。他出生在佛寺之中，是家中長子，須世襲寺院住持一職。井上自小接受佛教教育，13 歲剃度，經歷了「廢佛毀釋運動」，16 歲起學習西學，20 歲入讀東京大學預科，後來修文學部哲學科，開啟一系列的宗教哲學思辨，特別是在佛教哲學化方面的巨大貢獻。井上在 1885 年學士畢業，1886—1887 年分別成立不思議研究會和哲學館（即東洋大學的前身），又完成了〈倫理通論〉(1886)、〈哲學要領〉(1887)、〈佛教活論序論〉(1887)等早期的重要之作，宣揚「護國愛理」的概念。同一時期創作了三冊《真理金針》，三冊各旨在反基督教、證佛法真理、為佛教護教。[14]

　　井上圓了對宗教、宗教學概念之理解也是在這樣的背景下產生。井上認為宗教是「絕對不可知」的，其目的是使人超入安心之境界。[15] 他反對井上哲次郎將哲學與宗教同樣看待，以及其囊括所有宗教而構成綜合性新宗教等看法。井上圓了認為宗教與哲學有各有其分，真正意義上的宗教應與哲學關係密切，佛教界於兩者之間，一半是宗教，一半是哲學，可稱為「哲學的宗教」。[16]至於宗教學，明治時代宗教學之代表人物是姉崎正治（1873—

14　有關井上的生平資料，可參考同上書 "Inoue Enryō and Buddhist Renewal" 一節。Ibid., 97–101.

15　井上圓了〈余が所謂宗教〉：「宗教者，將能力定置於思想之反面的絕對不可知之門，人可超入直達此境界，以使安居於妙樂之心地之中之物。」（筆者自譯）載井上圓了：《甫水論集》（東京：博文館，1902 年），頁 29。

16　參井上圓了：《日本佛教》，載東洋大學創立 100 周年記念論文集編纂委員會編：《井上円了選集》（東京：東洋大學，1990 年），第 6 卷，頁 30。

1949），傾向採用價值中立的方法來研究所有宗教，主張所有宗教都是在有限性中體驗無限性，此進路被追認為明治宗教學之主流。井上的宗教學與之截然不同。要言之，井上對宗教學的理解具強烈的哲學意識，範圍更廣（妖怪學涉及物理學、醫學、心理學、教育學等），但同時對「（真）知」有更高要求，姉崎定義下之宗教在井上看來不少都是偽怪、假怪。[17]

　　有別於同時期的其他佛教哲學家，井上最教人眩目的是其妖怪學研究，成功讓他獲得「妖怪博士」（お化け博士）的稱號。他在 1891 年成立了「妖怪研究會」，致力打破民間的迷信思想，並在全國各地搜集資料。1893 至 1894 年出版了《妖怪學講義緒言》和《妖怪學講義》（共八卷），[18] 各卷內容分別是總論、理學、醫學、純正哲學、心理學、宗教學、教育學、雜部，對日本民俗學影響深遠。明治時期另一關注妖怪的是博物學及生物學家南方熊楠（1867—1941），南方同樣受佛教影響，但二人進路各異。[19]《妖怪學講義》儘管沒有標明其理論背景，但經常有直接呼應斯賓塞之

17　井上對宗教學的理解，本章主要參考：高木宏夫：〈井上円了の宗教思想〉，載高木宏夫編，《井上円了の思想と行動》（東京：東洋大學，1987 年），頁 103—138。高木きよ子：〈井上円了の宗教学〉，載清水乞編：《井上円了の学理思想》（東京：東洋大学井上円了記念学術振興基金，1989 年），頁 211—231。卞崇道：〈井上圓了宗教學思想述評〉，《日本研究》，2009 年第 1 期，頁 1—8。

18　井上圓了：《妖怪學講義緒言》（東京：哲學館，1893 年）。井上圓了：《妖怪學講義》，第 1—8 卷（東京：哲學館，1894 年）。

19　南方熊楠在《南方マンダラ》（南方曼陀羅）、《動と不動のコスモロジー》（動與不動的宇宙）等著作中都展示了以佛教（主要是華嚴宗）與近代科學互相發明的可能，將各種「不思議」的現象綜合來解釋世界，學說有泛神論的傾向。有關井上圓了與南方熊楠的學說簡述與比較，可參考 Gerald Figal, *Civilization and Monsters: Spirits of Modernity in Meiji Japan* (Durham and London: Duke University, 1999), 40–73.

不可思議論和康德之本體論的痕跡，並跨越不同學科範疇，是東西文化交流的重要一環。此外，井上圓了對當時的教育界也有一定影響，例如 1900 年至 1903 年間日本文部省編制《國定修身教科書》，由加藤弘之與井上哲次郎主持，他們就特邀井上圓了加入委員會，可見其學說在當時舉足輕重。[20] 總的來說，井上學說有其破除偽知迷信的一面，又同時兼具反對理性至上的一面，以宗教信仰（佛教）為開示真理的方法，當中複雜的辯證關係不應被簡化為理性啟蒙。

從跨文化思想流變的角度審視，井上學說中對理性的反思是可以由上溯歐洲，下啟中、日的反啟蒙知識論來重新理解。井上除了熟讀西方哲學，[21] 亦受到康德、斯賓塞的重要影響。儘管柏林說的反啟蒙思想不包括斯賓塞，可是斯賓塞的不可知論卻提供了思想養分給井上，支持了他對理性至上的質疑。因此，在本書看來，井上學說也是一種反啟蒙的學說。至於井上對日本後來者的影響，舉一實例，西田幾多郎（1870—1945）就曾坦言井上圓了對他的影響。西田在高中預科時讀到了井上圓了的《哲學一夕話》（1887），毅然放棄修讀數學的想法而改選哲學。據西田的學生高阪正顯回憶：「假若要問先生讀過哪些哲學家的書的話，先生曾回答：『讀過井上圓了的《哲學一夕話》。當然你們不會知道，讀了此書深受感動。』」[22] 事實上，井上、西田兩人對宗教與哲學的思

20　有關當時妖怪學與教育的關係，可參考同上書，頁 79—92。

21　這方面福鎌忠恕有相當完整的考察，參考福鎌忠恕：〈円了における西洋哲学〉，載斎藤繁雄等編：《井上円了と西洋思想》（東京：東洋大学井上円了記念学術振興基金，1988 年），頁 3—26。

22　高阪正顯：《西田幾多郎先生の生涯と思想》（京都：弘文堂，1974 年），頁 17。

考有很大的共通性，他們最初都是從佛教思想出發，透過哲學去觀察、分析其他宗教，並建立自己的宗教哲學理念，形成了日本宗教學不可忽視的傳統。[23] 與此同時，井上學說以哲學為根基，採取宗教、教育並行的方式來回應明治日本現代化的問題，也隨着蔡元培的 1900 年至 1906 年間的閱讀、翻譯，在中國產生影響。

二、蔡元培 1900 年的「始悟」背景

蔡元培在〈佛教護國論〉(1900) 坦言井上圓了對自己的影響：「吾讀日本哲學家井上氏之書而始悟。」[24] 此「悟」所指，乃一種宗教之於拯救人心及保護國家文化的需求。從宗教裏尋找護國之法，是中國文化人在 1900 年前後的集體風氣，與當時日本宗教發展有直接關係。葛兆光在〈孔教、佛教抑或耶教 —— 1900 年前後中國人的心理危機與宗教興趣〉指出，一種突然不約而同地萌生的宗教衝動及需求，不但可以在 1900 這一年間不同文化人筆下找到痕跡，更可從這一年前後摸索出他們於多種宗教之中尋求方向背後的緣由：1894—1895 年的海戰慘敗，「馬關條約」使中國人的精神心理面臨重大危機，驅使了一種信仰的逆轉。在西潮新學（尤其是科學技術）的衝擊下，夾雜對日本近代佛教的誤讀，造成了 1895 年

23　卞崇道：〈論宗教與哲學的關係 —— 井上圓了與西田幾多郎之比較〉，《浙江樹人大學學報》，2009 年第 6 期，頁 78。

24　此文在 1900 年 3 至 4 月間撰寫。蔡元培：〈佛教護國論〉，《蔡元培全集》，第 1 卷，頁 273。

至 1900 年中國人從儒到佛的結果。[25] 此間文化人對宗教之看法值得我們注意，比如梁啟超〈復友人論保教書〉(1897) 遵從西人之說，將有宗教、半有宗教、無宗教視為已開化、半開化、未開化，而有儒教之中國只屬半教之國；[26] 宋恕 (1862—1910)：「無教者，禽獸之世界也。堅守舊教者，初開之世界也，好從新教者，文明之世界也。」[27] 這種將宗教追求結合國家進化想像的看法，跟稍後在民國流行的三階段論截然相反。法國哲學家孔德提出三階段論，認為人類社會隨智力進化，漸次由神學至哲學乃至科學階段爬升，此說滋養了中國現代知識分子對科學的諸種想像。但清末時期，至少在 1900 年前後，中國文化人是先在宗教裏尋找出路，到後來才轉向各種主義中尋找出路。[28] 初習新學的蔡元培亦在此背景下先行接觸到佛學，卻又迂迴地在佛學之中遇見科學、理性等新概念及思維方式，弔詭地觸碰啟蒙與反啟蒙之辯證。

25　這段時期，對佛教有興趣的有蔡元培、章太炎、譚嗣同、梁啟超、宋恕等人。參考葛兆光：〈孔教、佛教抑或耶教 —— 1900 年前後中國人的心理危機與宗教興趣〉，《中國宗教、學術與思想散論》(上海：復旦大學出版社，2010 年)，頁 71—114。

26　梁啟超：〈復友人論保教書〉，《知新報》，第 28 期 (1897 年 7 月)，頁 3—5。

27　宋恕：《六字課齋津談》，《宋恕集》(北京：中華書局，1993 年)，頁 79，「宗教類第十」。

28　這裏說的「主義」是指 1900 年以後日漸湧現的眾多意識形態。參考王汎森：〈「主義時代」的來臨 —— 中國近代思想史的一個關鍵發展〉，《東亞觀念史集刊》，第 4 期 (2013 年 6 月)，頁 3—88。

後來出現的「廟產興學」[29] 與破除迷信風潮，對這場佛學熱有一定影響，限制了佛學進入民間生活並形成社會力量的可能。不過，它還是以思想資源的形式在知識分子間流通，影響了章太炎、梁啟超等知識分子。在這場佛學風潮中，蔡元培也短暫地提倡佛教，他從井上圓了身上所得到的啟悟很大程度上是建基於中、日兩地當時在宗教問題的共同背景產生的共振，亦即孔教、佛教在思想轉型時代下的困境與出路問題。蔡元培〈佛教護國論〉：「國無教，則人近禽獸而國亡，是故教者無不以護國為宗旨。[⋯⋯] 孔、佛並絕，而我國遂為無教之國，日近於禽獸矣。」[30] 在這篇文章中，可得見蔡元培最初曾在宗教中尋找出路，且直接受到了井上圓了的影響，傾向用佛教之道來解決國家問題。這是蔡元培初期借鏡日本佛教以圖改革中國社會的參考路徑，也是接觸啟蒙與反啟蒙之辯證的起點，往後逐漸轉移至美育之關注，以美育代宗教說正是循此脈絡流變而生。

「孔教、佛教抑或耶教」—— 葛氏文章之題目可直用以描述〈佛教護國論〉關注的主要問題：

> 井上氏：佛教者，真理也，所以護國者也。又曰：
> 佛教者，因理學、哲學以為宗教者也。小乘義者，理學

29　光緒二十四年 (1898 年)，康有為 (1858—1927)、張之洞 (1837—1909) 分別提出「廟產興學」的主張，前者針對村落淫祠，後者則包括地方公產和佛道寺觀。簡單而言，「廟產興學」力主改寺廟為學堂，使用全國廟產作為興學經費。參考徐躍：〈清末廟產興學政策的緣起和演變〉，《社會科學研究》，2007 年第 4 期，頁 151—158。

30　蔡元培：〈佛教護國論〉，《蔡元培全集》，第 1 卷，頁 272—273。

也；權大乘義者，有象哲學也；實大乘義者，無象哲學也。嗚乎！何其似吾夫子與吾夫子之言。《論語》者，小乘也；《孟子》所推，權大乘也；《莊子》所推，實大乘也。《論語》《孟子》《莊子》所未詳，吾取之佛氏之言而有餘矣。且孔與佛皆以明教為目的者也。教既明矣，何孔何佛，即佛即孔，不界可也。井上氏又曰：純一無雜者，佛教之種實也，以社會百般之文物為食，攝取於其體內，而變其種實中所包原形之質，而次第發育為數十丈之大幹與幾千萬之枝葉也。此所謂進化而發達者也。[31]

蔡氏藉井上佛學「小乘、權大乘、大乘」一說應用於儒、道二家，嘗試說明不同派別僅路徑有異。他指出孔、佛兩家殊途同歸（此處似乎把《莊子》也籠統歸入孔教），但由於儒者「扼於世法者也，集網甚密也，資本無出也」，[32] 佛教成為當時護國最為可行之法。至於耶教，蔡氏斥之未能明教，反對孔、佛兩教有害：「耶教之徒，能攝取社會之文物以為食，體魄甚惡，如猛獸也，腦質雖蠢，而逞其暴力，非尋常之人所能制也〔……〕耶氏者，以其電力深入白種人之腦，而且佔印度佛氏之故虛也，浸尋而欲佔我國孔教之虛矣。」[33] 在另一篇文章〈學

31　同上書，頁 273。這篇文章有直接引述了井上之言論，惟具體出於何書，未有定論。由於蔡氏至 1901 年仍經杜亞泉（1873—1933）代購《妖怪學講義》，又向友人借閱《哲學一朝話》《外道哲學》《宗教新論》，說明他在此前應未能全面地閱讀井上著作。王青在〈蔡元培と井上円了における宗教思想の比較研究〉提出一種説法，認為在 1900 年 1 月 3 日日本詩人本田幸之助和東本願寺交流生鈴木広間拜訪蔡元培時介紹了井上圓了之思想，亦可能提供了一些書籍予蔡元培。這篇論文另有中文版，惟部分材料僅見於日文版，特此説明。

32　同上書，頁 274。

33　同上書，頁 273—274。

堂教科論〉(1901) 中，蔡元培除了撮錄井上提出三分法取代中國古代學術道、理二分外，[34] 在描述無象哲學的部分也透露自己的宗教觀：「宗教學者，據亂世之哲學，其失也誣，若巫、若回、若耶皆是也，惟莊、佛兩家，與道大適。」[35] 他認為巫教、回教、耶教均有違真道，有「誣」(憑空架言) 之失，只有莊子、佛教兩家不違反道，孔教則歸入倫理學部分，未置入其中。在井上以及蔡元培看來，孔、道兩者在論述上具有彈性，或合而論之，或置入倫理學，教化之「教」與宗教之「教」不作特別區分。[36] 至於佛教以外的其他宗教，他們以為一律違反真道而表示反對。

　　與井上類似的是，蔡元培認為佛教是當時護國最可行之法，但不代表他完全認同當時的佛教所為，比如〈佛教護國論〉蔡元培就參考日本提出了五點中國佛寺需要改革之事，分別關乎：(1) 刪拜懺而專於教事；(2) 仿日本本願寺章程，設溥通學堂及專門學堂；(3) 由體操而進之以兵學，以資護國；

34　「[按：井上] 界今之學術為三：曰有形理學，曰無形理學 (亦謂之有象哲學)，曰哲學 (亦謂之無象哲學，又曰實體哲學)。無形理學為有形理學之統部，統部即盡稽萬里之義。」蔡元培：〈學堂教科論〉，《蔡元培全集》，第 1 卷，頁 334。

35　同上書，頁 337。

36　這點有一則事例或許可作為參考。據德國學者費路 (Roland Felber) 的發現，蔡元培在 1908 年德國萊比錫大學入學名冊上，並沒有填寫宗教信仰一項，但 1910 年和 1912 年都填上了孔教。因此楊光也認為蔡元培早期在教化之「教」與宗教之「教」的問題上採取比較籠統的處理。有關井上圓了、蔡元培對宗教之理解，下文亦有補充。參考楊光：〈再思「美育代宗教」—— 在 20 世紀早期美學與佛學關係中的一個考察〉，頁 20。費路：〈蔡元培在德國萊比錫大學〉，載中國蔡元培研究會編：《論蔡元培 —— 紀念蔡元培誕辰 120 周年學術討論會文集》(北京：旅遊教育出版社，1989 年)，頁 461。

(4) 禁肉食與否；(5) 禁娶妻與否。[37] 一半都是就佛教習俗提出意見。蔡元培對佛教經懺之事頗為在意，折射了他對宗教儀式的敏感態度，不難推想他心底是認為念咒拜像等事容易入於迷信。至 1917 年〈以美育代宗教說〉又云：「至佛教之圓通，非他教所能及。而學佛者苟有拘牢教義之成見，則崇拜舍利受持經懺之陋習，雖通人亦肯為之。甚至為護法起見，不惜於共和時代，附和專制。」[38] 可見從清末到五四，蔡元培對佛教有着比較大的認同，卻又同時以為佛教始終易受「激刺感情」之累。

以上初步展示了蔡元培如何在 1900 年左右受井上的佛學論述影響並拉開了這場宗教啟蒙思辨的帷幕。下文將分析〈哲學總論〉和《妖怪學講義》在日本明治時期的文化語境中的定位及意義，提出井上佛教論述對蔡元培之影響只屬表層，沒有真正落實成為一種啟蒙方案。相反，蔡元培在井上學說中真正吸收的是一種從西學進入日本而展開的情感與理性的辯證思考，亦即跨文化啟蒙思辨的一組核心概念。

三、〈哲學總論〉：情感與智力的宗教

井上圓了在 1887 年出版了《佛教活論》系列中的《序論》《破邪活論》和《顯正活論》，蔡元培在 1901 年 10 月至 12 月就翻譯了《顯正活論》中的部分內容，題為〈哲學總論〉，署名

37　蔡元培：〈佛教護國論〉，《蔡元培全集》，第 1 卷，頁 274。

38　蔡元培：〈以美育代宗教說〉，頁 10—14。

蔡崔廎，刊於《普通學校》第 1、2 期。[39]《顯正活論》一書分為「緒論」「總論」和「各論」三部分，「總論」又分為「哲學總論」和「佛教總論」，「各論」則分論有宗、空宗、中宗、通宗等佛教支派。就蔡元培選譯之內容而言，〈哲學總論〉實可視為井上圓了整套學科理論和知識體系的提綱。文章將井上學說中哲學與宗教的總體概念翻譯成中文，但「總論」或「各論」之下的具體佛學思想、儀式、宗派等，一律未譯。佛教思想儘管明確地進入到蔡元培的視野之內，卻未被「拿來」作為實行方案，那麼蔡元培最感興趣的到底是甚麼呢？從〈哲學總論〉到後來的《妖怪學講義錄》，井上學說給予蔡元培最大的啟發是一種「情感與智力的宗教」的觀念，直接涉及西方啟蒙與反啟蒙運動下情感與理性的辯證問題。

〈哲學總論〉扼要地展示了井上學說的知識系統，是蔡元培最早引入中國的學科理論。井上認為宇宙可以按性質分為三部分：有形（有物象）、有象（有心象）、無象。由於表象與實體（形）是對應的，有象必有實體，所以「物象」是物體的表象，「心象」則是心體的表象。研究「物象」的是理學，即今日之物理學、天文學、化學等學科。研究「心象」的稱為哲學，包括今日之心理學、社會學、政治學、倫理學（ethics）、論理學（logic）等。至於「無象」的概念，井上認為由於心、物兩者分屬無形、有形，必有一概念解釋其生起和

39　蔡元培翻譯的部分是井上圓了《佛教活論》中的《顯正活論》第 28 節起。見井上圓了：《仏教活論本論》（東京：哲學書院，1887 年），頁 51—107，「第 2 篇：顯正活論」。

相合作用，亦即「造出之且接合之者」，名之曰「神」：「天神其本體遠在現象之外，我所認為天神之現象，非天神之本體，而物、心之諸象也，故神體屬無象」。[40] 故此，研究「無象」、論究「神體」的學科對於人類理解世界至關重要，井上名之為「純正哲學」或「無象哲學」，也就是今日哲學領域中的本體論（Ontology）。[41]

井上將所有學科都細分為理論學和應用學（儘管這些分類與今天之學科分類有所出入），認為二者相互對應，例如物理學、社會學屬理論學，而航海學、政治學屬應用學。於是，純正哲學作為一門理論學，則應有相對的應用學：

> 以上所論，皆有象哲學；而無象哲學，惟純正哲學一科而已，其於理論上考究物、心、理三體之性質、規則，當為理論學無疑。將以何者為應用學耶？或曰：無象哲學之應用者，即有象哲學。然有象哲學中論理學、倫理學、審美學之類，其所歸極之問題，用純正哲學之所定，雖有可為純正哲學之應用者，而未可為直接之應用。何則？非能舉其所論定之結果而應用之於無象之實地，不過移而應用於有象之上而已，故謂之間接之應用學。直接應用，則宗教學是矣。[42]

井上認為有象哲學充其量只是純正哲學的間接之應用

40　蔡元培：〈哲學總論〉，《蔡元培全集》，第 1 卷，頁 355。

41　同上註。

42　同上書，頁 357—358。

學，直接應用學當為宗教學。然而，他立即為宗教學作出分類：「若夫情感的宗教學，則有象哲學中之應用學而已。何者？情感之神，有意志、有思想、有情感，神象而非神體，論究此神象之學，必屬於有象哲學明矣。」[43] 他認為「情感的宗教學」受知、情、意等心象所限制，以神象為研究對象，屬有象哲學而非無象哲學。換言之，「情感的宗教學」無法解釋無象、論究神體，只有「智力的宗教學」才屬於無象哲學。這種分類本意應該是強調宗教信仰上理性的重要性，亦無不妥，可是井上斷言耶教尚為「情感的宗教學」而佛教屬世界惟一的「智力的宗教」，則不免武斷。

井上認為耶教信仰中，聖父創世的故事正身涉及意志、情感，是為心象，聖子耶穌以有形肉身顯現於世則涉及物象，教會以有象為基礎，充其量是純正哲學的間接應用，並不是以神體為主。而即使近世耶教學者關注神體，但未能在宗教的組織上達到應用學的功能，故有待進化為「智力的宗教」：

> 彼教以有一定之形質而生於此世如耶穌者為神子，又以有意志、目的、愛憎之情而創造世界為神父，是神象之宗教，即不免於情感的也。然耶穌教中，固有非個體之神象而普通之神體如哲學者，學理上所論究之神，是余所謂理體而非情感的之神象也，故余謂耶穌教他日必一變而為智力的宗教。今日之耶穌教，則純然情感的宗教而已，且其近來哲學者所論神體，惟止於論究，而

43　同上書，頁358。「神體」即「理體」，〈哲學總論〉：「而恐神體之名稱，與通俗之神混同，哲學上用理若理體之名。」見同書，頁356。

未能組織宗教以示其應用。故余謂智力的宗教，世界中
惟佛教而已。[44]

從引文來看，井上並不排除耶教於日後轉為「智力的宗
教」之可能，只是暫未達「組織宗教以示其應用」的要求，故
而不及佛教。[45] 井上對宗教之「組織」相當重視，他認為佛教
才屬於「智力的宗教」「智力情感兩全的宗教」「哲學的宗教」[46]
的最主要原因亦在此：

> 余嘗研究佛教，而見其中所論究者，正純正哲學；
> 其宗教，正發見純正哲學直接之應用也。[47]
>
> 余嘗以佛教為世界不二、萬國無比之宗教，非惟
> 其教之立智力的神體而已，非惟其起於三千年前之宗教
> 能符合於今日之哲理而已，以其組織全是純正哲學之應
> 用。西洋學者方求於哲學上組織宗教，而未能；而釋迦
> 於三千年之太古既組織之，實可異也。純正哲學有物體
> 哲學、心體哲學、理體哲學之三種。其應用之宗教，亦
> 不可無此三種，如物宗、心宗、理宗是也。而佛教者，
> 即以此三種組織為有宗、空宗、中宗。有宗與物宗雖有

44　同上書，頁 358。

45　井上其實在早期〈耶穌教防禦論〉中表達基督徒最終不是敵人而是盟友的看法。
　　但後來基督教在日本急速發展，佛教處於弱勢，筆者認為他的立場也有改變，
　　更強調佛教為具哲學之宗教，故優於耶教。此文發表於《開導新聞》1882 年 1
　　月 19 日，筆者參考自高木宏夫論文之部分原文摘錄。高木宏夫：〈井上円了の
　　宗教思想〉，《井上円了の思想と行動》，頁 109。

46　關於井上圓了提出的佛教方案及其產生背景，可參考長谷川琢哉：〈井上円了に
　　おける「仏教」・「宗教」・「道德」・「哲学」：明治中期の道德教育をめぐる論爭
　　を背景として〉，頁 81—90，第 4 節「教育宗教關係論」及結論。

47　蔡元培：〈哲學總論〉，《蔡元培全集》，第 1 卷，頁 358。

不同一之感，而空宗、中宗正心宗、理宗是也。余是以
論佛教為哲學上之宗教。[48]

上文可見，蔡元培最早接觸到的井上思想，可能就是其
將「純正哲學」視為判斷宗教優劣之關鍵。但井上著作對於
各佛教宗派作出了極其詳盡的解說，都一律未得蔡氏譯介，
以此推論，井上對組織的重視應未足使蔡元培信服。假若比
較同代人章太炎的話，章氏〈建立宗教論〉(1906) 提倡以宗
教提升士人道德，以佛教中的法相宗（唯識宗）為根本來建立
宗教從而重振人類之道德，解決社會問題等，又進行佛學演
講。儘管走的是世俗化佛教的路線，其方式仍是利用佛教學
理去思考和計劃社會出路。[49] 在蔡元培選擇要呈現予國人的
論述中，「佛教護國論」「佛教為哲學上之宗教」中的佛教只是
以一種符號式的形態出現，並沒有在學理上成為具體可實踐
的方案。反之「智力的」「哲學的」等修飾宗教的定語才是他
譯文真正要突出的要點。由此可見，蔡元培對井上的關注從
一開始就不單純在佛教之上，更是在於井上學說背後採用的
那種統合學科，重新建構知識主體的方式。換言之，井上在
1900—1901 年左右給蔡元培的影響不在於佛教作為方法，而
在於將情感與理性之辯證關係引入視野，為其日後持續思考
宗教與美育的問題埋下了重要的根基。

48　同上書，頁 358—359。

49　參考林少陽：《鼎革以文 —— 清季革命與章太炎「復古」的新文化運動》，頁
　　82—100。

四、「迷信盡去，真怪可存」的《妖怪學講義錄》

　　魯迅在著名的〈破惡聲論〉中提出「偽士當去，迷信可存」的觀念，此處仿其例，用「迷信盡去，真怪可存」形容井上圓了《妖怪學講義》之要義，也即「拂假怪」（去迷信）、「開真怪」（存真怪）。[50] 井上在 1886 年成立不思議研究會，1887 年出版《妖怪玄談》，1891 年又成立了妖怪研究會，致力打破民間的迷信思想，並在全國各地搜集資料。1893 年他出版《妖怪學緒言》，1894 年出版八卷的《妖怪學講義》，[51] 對日本民俗學影響深遠，因此他在日本亦有「妖怪博士」的稱號。蔡元培初於1901 年 4 月購入此書，[52] 同年 9、10 月杜亞泉囑咐訂譯。[53] 蔡元培當時譯出其中六冊，惟商務印書館失火，五冊譯稿付之一炬，僅餘「總論」一冊，1904 年由紹興印書局出版「總論」部分，並於 1906 年連載於黃摩西主辦的《雁來紅叢報》，同年以《妖怪學講義錄》之名印刷出版。[54]

　　井上在《妖怪學講義》初版原序開宗明義：「革新之道，

50　《妖怪學講義錄》為蔡元培按井上圓了《妖怪學講義》翻譯之第一卷，為行文方便，以下引用時不另標註「蔡元培譯」。蔡元培：《妖怪學講義錄》，《蔡元培全集》，第 9 卷，頁 77。

51　各卷內容分別是總論、理學、醫學、純正哲學、心理學、宗教學、教育學、雜部。

52　蔡元培：《蔡元培全集》，第 15 卷，頁 336。

53　同上書，頁 364—365。

54　除了蔡元培外，杜亞泉也邀請了章太炎翻譯《妖怪學講義》。參考彭春陵：〈章太炎與井上圓了——一種思想關聯的發現〉，載佐藤將之編：《東洋哲學的創造：井上圓了與近代日本和中國的思想啟蒙》（台北：國立台灣大學出版中心，2023 年），頁 205—230。又參李立業：〈井上圓了的中文譯著與近代中國的思想啟蒙〉，同前書，頁 184—187。

捨教育、宗教將何求？［……］夫世人之所以亟待教育、宗教者，以其心中之迷雲，隱智日之光，不去其迷心，則道德革新之功，實無可期。」[55] 教育和宗教都具備破除迷信的功能，是道德革新的必修課。這裏將教育與宗教並行視為啟蒙方法，其實具有西方反啟蒙的色彩。因為這裏的教育並不只是指向新知識或理性主義而已，乃是同時帶有對新知識和理性的質疑，基本上與西方反啟蒙思潮的出發點是一致的。井上曾就讀於東京大學哲學科，對西學早有涉獵，[56] 對於理性啟蒙的討論有一定理解。《妖怪學講義》開篇就直接質疑受新思潮啟蒙的學者在破除迷信的同時也導致信仰失去餘地：

> 愚民隨見而其理智不可知，故事事物物皆妖怪。學者獨知愚民之所不知，故不妖怪其所妖怪。然使學者而云全無妖怪，則學者之妄見也。愚民之有妖怪者，如乘船而行，不知自動，乃認岸奔，故學者大笑之，而學者之無妖怪，恰如住息地球，見太陽之上下，不知地球之自轉，而認日動也，以哲眼觀之，不亦笑其愚耶？蓋學者所不妖怪者，亦一種之妖怪也。［……］然則大小妖怪，築於兩岸，而人不能出其外，是實真正之妖怪也，而橋梁於其間者，即人之知識，學者立於橋上，見愚民之蟠於頑石之間，而不知迷其路，遂斷言世無妖怪，抑

---

55 蔡元培：《妖怪學講義錄》，《蔡元培全集》，第 9 卷，頁 71—72。

56 井上圓了在東京大學哲學科共修讀了五門西洋哲學，教科書範圍涵蓋斯賓塞、康德、黑格爾、達爾文、彌爾等之著作，課程資料可見於三浦節夫著，深川真樹譯：〈東洋哲學的先驅──井上圓了〉，《現代哲學》，2018 年第 6 期，頁 142—151。

何所見之小也。[57]

這裏批判學者自以為「知」可釋盡世間真理，消滅宗教，殊不知「知」亦有其限制。在井上看來，世間有一「真怪」（又名「理怪」）並不能滅：

> 若點哲學之火於各自之心燈，則從來千種萬類之妖怪，一時霧消雲散。而更見一大妖怪之濯然，發揚其幽光，是則真正之妖怪也，一遇此妖怪之光，而火燈之明為之奪，如旭日一升，而眾星失其光，乃假名此大怪為理怪。[⋯⋯此理怪] 由無始之始，至無終之終，迄無限之限，無涯之涯之間，飄然而浮，塊然而懸，自生自存，獨立獨行，靈靈活活之真體也，莫知其名，而知有其體，知有其體，而不知所以名之，其體也，如可知而不可知，如不可知而可知，是實大怪物也。稱之曰神妙、靈妙、微妙、高妙、元妙，不過形容其體所發散之光氣之一部分。或有字之者，老子曰無名，孔子曰天，於《易》曰太極，釋迦曰真如，曰法性，曰佛，耶穌曰天帝，神道教曰神，皆不過假名其體之一面，今稱之曰理想，亦一部分之形容。誰能以有限性之衣，顯無限性之體耶，得不名之為大怪物耶！毋亦勉階梯於有限性之名稱，而想像其裏面所包有之無限性云爾。[58]

> 凡宗教家者，有偏於獨斷之弊；哲學家者，有偏於懷疑之弊，是皆失其中正也。今考之於妖怪之上。舊來

57　蔡元培：《妖怪學講義錄》，《蔡元培全集》，第 9 卷，頁 75。

58　同上書，頁 76。

之妖怪論者，多偏於獨斷，不問何理，惟臆定妖怪而不動者多。反之，而今日論者之弊，或徹頭徹尾排斥妖怪談，目為虛妄為無根，或斷言一切妖怪，皆不外神經之作用，更不示其理由。如斯者，以懷疑、而實獨斷之甚者也。[59]

井上之說正是要挑戰這種宗教與哲學、情感與理性對立的局面，他意圖在破除盲信之餘，同時也對理性作出批判。在他看來，宗教與哲學都有可能陷入同樣的獨斷立場中，因此必須發明一套概念來描述理性破除偽知以後，尚有它永遠無法破壞的真知，而且此真知可以統合不同舊有宗教、哲學的發現。這套妖怪學的原理就是在這種對於理性的質疑及反思之中誕生，與斯賓塞的「不可思議論」（unknowable）有關。

斯賓塞的不可思議論認為人無法完全「知道」宇宙之終極。作為進化論之倡導者，他相信科學卻不反對宗教。在《第一原理》（*First Principles*）中，他嘗試建立一種哲學系統來協調科學與宗教，井上圓了的妖怪學亦由此得到啟發。[60] 當斯賓塞的進化論和社會學思想傳入日本時，井上將斯賓塞的「不可知之現實」（Unknown Reality）與大乘佛學中的「真如」重合，接受了宗教漸次自多神教、一神教而進化至哲學宗教的觀念，

59 同上書，頁 155—156。

60 這跟赫胥黎的不可知論（agnosticism）相近，赫氏認為人類不能相信缺乏科學證據的事，同時也不能否定它們，因此上帝是「不可知的」。Herbert Spencer, *First Principles*. (London: Williams and Norgate, 1862).

也由此建立起妖怪學的框架。[61] 既然學者新知也有可能構成理性的迷信，那麼如何尋找真怪呢？井上嘗試以佛法為途徑。他相信人並不能完整確切地「知道」「真怪」，但可以間接地接觸真怪：「真怪者，無限絕對而不可知的也。既謂之不可知的，其內部之狀態固不可知，其物存耶、否耶？似亦不可得知。雖然，詳究假怪而自知真怪之存，又達觀心象之內部，自得接觸真怪之靈光。吾人由理論與實際，均得證明真怪之存在也。」[62]《妖怪學講義》非常詳細地探討接近「真怪」的方法，這點對蔡元培的思想轉折來說應有一定重要性。井上認為科學方法有助於「掃去假怪」，從而可以間接地「開現真怪」，但亦明言其限制：「要接見此『真怪』，必須經物、心二大臣所差遣之『實驗』『論究』二使節，但此二使節不能入理想之都城關門以內，故而又不得以關門為限。」[63] 他以使節為喻，說明「實驗」「論究」僅能引領方向，卻終不能使「真怪」現身，若以科學方法為限，則不得最終之境界。

　　井上又以法國哲學家孔德的三階段論為基礎，說明統合不同學科與方法可以開現真怪。他認為人類在「太古之時代」「未知物、心之為何，見萬有而不知所以可怪，物心一致，彼我無別」，無思無慮，不覺有妖怪，但隨人智漸進，「疑念動於內而刺激思想，遂進而欲說明四圍之萬象」，「物心內外之

61　有關斯賓塞對井上圓了的影響，參考長谷川琢哉：〈スペンサーと円了〉，《国際井上円了研究》，第 3 期（2015 年 3 月），頁 152—163。

62　蔡元培：《妖怪學講義錄》，《蔡元培全集》，第 9 卷，頁 230。

63　同上書，頁 105。

別漸生」，於是「見果求因，知因求果」，故日月星辰、風雨山川悉為妖怪而不得解，勉強作出假說解之，正是百科諸學之源起。此時代古民類比之誤，亦見於今人，妖怪學的目的就是要掃除這些謬誤：

> 如古代蠻民，見羅天數萬之星，解為雨零之孔穴。見空氣之游動而為風，解為天地一大活物所呼吸。雖不過妄說，亦以原因結果之理解之也。而其說之妄，則由於應用此理之誤謬。此等誤謬，在今學術發達之日，尚往往見之，何獨咎古代耶。而考究其誤謬，即妖怪學之目的，所以先解其學為變式學也。[64]

井上按三階段論將人智進化分為三時代：

> 嘗聞法國哲學者康脫氏，以由古代至今日，分為神學時代、形而上學時代、實驗學時代之三時期，余仿其例云：
> 第一時期　感覺時代（智力之下級）。
> 第二時期　想像時代。
> 第三時期　推理時代（智力之高等）。
> 是本心理學中智力之發達而次第之，不問其何國何人，其實際必依此順序與吾，雖未斷定，而從進化論之規則，不可不以此序之。[65]

從感覺時期到想像時期，人類的妖怪信仰從多神論轉向

64　同上書，頁 105—106。

65　同上註。

一神論，初以感覺將一切事物解釋為物質變化所致，轉向想像至無形質之處，從斯賓塞《社會學初編》的「一身重我說」過渡至「鬼神說」。到了第三時期，人類對知識的研究「既不求之於在內之他元，又不求之於在外之他體，而即以萬有之固有規則若道理，為其原因」，此時期的解釋方法有三：(1) 理外的說明法，考其學科屬宗教學；(2) 理想的說明法（惟心論之進一步），屬純正哲學；(3) 經驗的說明法。附圖如下：

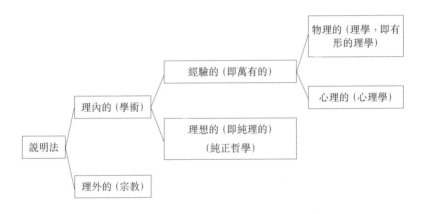

井上建議，今之學術要嚴守經驗的說明法與理想的說明法來分辨妖怪：「掃去假怪，用經驗的說明法；開現真怪，用理想的說明法也。」[66] 換言之，通過綜合不同學科分析現象的結果，掃除迷信，但又以純正哲學（本體論）的理想論（想像與推理）來開現真怪。該段落小結曰：「余今以經驗的與理想的之二法，解說物、心現象上之妖怪，進而開示理想關內之妖怪，若夫宗教之所謂理外的，不在論理說明之限，則無煩喋

66　同上書，頁110。

喋耳。」[67] 這並不等同於將宗教排斥在外,反之是明確地劃下界限,保宗教在理性之外,亦呼應開篇的兩種啟蒙之道——教育與宗教,兩者缺一不可。

　　從蔡元培譯《妖怪學講義錄》的知識觀來看,他吸收了井上學說中的非理性思想,並就如何開示真怪有所反思。那麼,回到清末「宗教」概念發展脈絡,蔡氏如何在中、日思潮之間理解宗教的概念,與當時孔教國教論如何互動?1900 年前後宗教被視為解決國家問題的方法,孔教也是方案之一,康有為在 1897 年起就推動儒學國教化,許之衡(1877—1935)〈讀國粹學報感言〉(1905)亦舉孔教為中國教。[68] 對此風潮,蔡元培〈說孔氏祖先教〉(1902)、〈羣學說〉(1902)等文章都表達自己的立場,一方面展現出斯賓塞、嚴復與井上圓了的直接影響,另一方面亦投射出蔡氏對宗教的理解。〈說孔氏祖先教〉以進化的角度去解釋宗教,如「要之,祖先教之目的,固將以漸進於原人」,以物理學之質與力解釋體與魂,言遺傳與人羣之關係,[69]〈羣學說〉參照嚴復《羣學肄言》,以孔孟之說來呼應斯賓塞的社會學理論。[70]〈說孔氏祖先教〉文中「誠欲

67　同上書,頁 111。

68　有關中國近代知識分子對宗教的理解,可參考王毓:〈試論近代中國宗教概念的形成與近代儒釋二教變遷之關係〉,《宗教學研究》,2019 年第 2 期,頁 254—263。

69　「祖先教」一詞,指的是斯賓塞在 1885 年提出的 "ancestor worship",又譯祖先崇拜,日本論者亦譯為「拜自然教」。又,此文開首提及一日本學者之文明史論,筆者推斷應為中西牛郎:《支那文明史論》(東京:博文館,1896 年)。蔡元培:〈說孔氏祖先教〉,《蔡元培全集》,第 1 卷,頁 387—393。

70　蔡元培:〈羣學說〉,《蔡元培全集》,第 1 卷,頁 394—397。

顯正，組織一粹美之祖先教，不可不以孔子之説為斷」一句，
「顯正」一詞更是沿用自井上的「破邪顯正」。[71] 由此觀之，最
少在 1902 年前後，蔡元培並不視孔教為有神宗教，只是類近
於祖先崇拜，其內涵是儒學倫理搭配從西學傳入，帶進化論
色彩的羣學説。〈《中等倫理學》序〉亦提及孔教可成為「我國
祖先教」，[72] 文中對於以倫理來取代西洋學校宗教科的觀點表示
同意，透露出在「佛教護國」之後，蔡氏確有短暫考慮 (孔教)
倫理代宗教的方案，不過這種興趣很快又再轉入了妖怪學中
對真偽、情理的知識論思考。蔡元培後來在《中國倫理學史》
主張孔子之學術與後世之儒教當分別論之，則反映他在 1910
年代對孔教雖態度溫和但亦保有距離。直至 1915 年撰寫《哲
學大綱》，蔡元培明確提出「以美育代宗教」的觀點，對宗教
的看法與翻譯妖怪學之時已經不同。次年〈在信教自由會之
演説〉主張國家與宗教互不干涉，並明確反對孔教：「宗教是
宗教，孔子是孔子，國家是國家，各有範圍，不能並作一談
[，……] 一國之中，不妨有各種宗教，而一宗教之中，可以
包含多數國家之人民」。[73] 可見蔡氏對宗教概念之理解在十幾
年間隨着時局、思潮而有所發展。

在蔡元培如何受妖怪學影響而看待宗教的問題上，廖欽

71　另外，井上圓了對儒家、孔子的看法也值得一提。據佐藤將之的看法，井上
　　在〈星界想遊記〉〈孔孟の教え、是より興らん〉中展示出對孔子的推崇，視之
　　為道德實踐的楷模。佐藤將之：〈井上円了の思想と行動における孔子への崇
　　尊〉，《国際井上円了研究》，第 6 期 (2018 年 3 月)，頁 176—200。

72　蔡元培：〈《中等倫理學》序〉，《蔡元培全集》，第 1 卷，頁 409—411。

73　蔡元培：〈在信教自由會之演説〉，《蔡元培全集》，第 2 卷，頁 494—497。

彬認為，蔡元培的美育代宗教說「並非全面否認宗教」，只是「反假怪」而不反對「真正的宗教」「終極的宗教」。[74] 筆者以為這只是在宗教之定義與範圍上繞圈，反而模糊了宗教與信仰之區別，將蔡元培揚棄宗教的關鍵考慮遮蓋了。必須認清井上與蔡元培的共識與差異：井上與蔡元培所說的宗教同樣是指具有形式的宗教，井上認為佛教「智力情感雙全」，是「開真怪的宗教」。蔡元培則反對任何宗教形式，從本質上就質疑具儀式與組織等形式的宗教，並認為宗教派別會導致「人我之別」，惹起紛爭，認為以美育可以全然代之。這一點相當重要，直接促成了蔡元培最終選擇揚棄宗教啟蒙，而以美育來達到啟蒙，也是蔡元培在跨文化啟蒙辯證思考中的本色所在。

　　總體來說，井上保宗教於理性之外，人要透過宗教之啟蒙、學術之啟蒙兩法之中拼合「真怪」，而蔡元培則竭力在哲學範疇中尋找美的啟蒙法，甚至主張美育啟蒙可以取代宗教啟蒙。二人同受啟蒙與反啟蒙思潮之影響，對理性啟蒙表示質疑，但選擇的又是不同的反啟蒙路徑。這代表了井上學說的宗教開示真怪之法沒有被蔡元培直接接受，經過深入反思，蔡元培從德國美學及美育思想中創發出其獨特回應。引人入勝的是，蔡元培最初接觸美的地方原來不在德國，井上著作中早就觸及美、善問題，下文將詳述之。

74　廖欽彬：〈井上圓了與蔡元培的妖怪學——近代中日的啟蒙與反啟蒙〉，頁176。

五、從「真怪」到美育實施

　　《妖怪學講義》裏有一段有關「開現真怪」方法的文字很少獲得論者的注意，筆者卻以為相當重要，因為美學話題正是在此現身，與蔡元培往後的美育提倡能直接連上。井上在這段文字裏以人的內外分類（與上文「理內」「理外」有別），提到「開現真怪」有內、外二法：

> 外界之開示，於物界之上現真相，內界之開示，於心象之上現真相。內界之開示，於吾心象之內部，開現不可思議之靈光，吾人深思靜慮而自得接觸之，是也。外界之開示，吾人睹天地萬有，自於其間浮美妙之觀念，或於天文上見其美，或於山川上見其美，或於草木禽獸上認其美。此美也，直由無限之本境開現來，吾人接之而又惹起無限之感想也。而在外界示此美者，太陽，於內界示其神者，良心也。其一現美妙之相，其一開靈妙之光，故二者真可謂開發真怪之神氣者。若在外界無太陽，天地暗黑，吾人遂無由觀其美妙；若在內界無良心，又如何得接觸靈妙之神光，而叩其真體之關門也。[75]

　　儘管井上在美學問題上沒有作出詳細探究，但他有意識地點出美、善兩者之關聯。這點跟康德所說的「美是道德──善的象徵」（Das Schöne ist das Symbol des Sittlich-Guten.）相

75　蔡元培：《妖怪學講義錄》，《蔡元培全集》，第 9 卷，頁 231—232。

通。[76] 康德認為美感（判斷力）有別於純粹理性概念，屬於一種「反省的類比」的結構。即人類是先有特殊對象，繼而尋找普遍概念，再把特殊對象歸屬於其下。換言之，美感的源頭是人類內心的道德世界，而美感在感性世界的表現是經過反省的類比將道德概念轉移到自然世界，因此，美感是聯結道德與自然的方法。井上沒有專門討論美學的「無目的的合目的性」的問題，可是他指出，對外在物象進行美的體認，對內在心象深思靜慮，兩者同為開示真怪的方法。相比康德認為美是依照善而來的反省的類比，井上則更強調美、善皆源自「真怪」。所以不論外界之開示（美的體認）還是內界之開示（對心象的深思靜慮），最終達到的目的都是一致的，就是在心、物兩界之上「現真相」，將不同名目的「怪」都「通為一」：

> 雖如何而人智進步，終不可知，是超理的妖怪也。此所謂真怪之本體，到處遍在，不問物之上或心之上，漸研究之而達其本原實體，皆為真怪。終於不可知的，不可思議，即物者有物之現象與本體，心者有心之現象與本體，達物之本體則可謂真怪，達心之本體亦是真怪也。[77]

井上以為真怪「在人智之上、道理以外」，人的智力有限制，無法顯現真怪之本體，要接觸真怪則只能通過內界之靈光、良心和外界之太陽、美。

---

76 康德著，鄧曉芒譯：《判斷力批判》（北京：人民出版社，2002 年），頁 201。康德用「象徵」一詞，實際指涉的是理性概念通過反省的類比作為感性化的間接表現。參考黃振華著，李明輝編：《論康德哲學》（台北：時英出版社，2005 年），頁 409—411。

77 蔡元培：《妖怪學講義錄》，《蔡元培全集》，第 9 卷，頁 235。

　　這一點可能啟發了蔡元培往後對倫理道德與美學作啟蒙的思索。井上妖怪學所言之內界開示，與良心有關，涉及倫理學與心理學。蔡元培在 1907 年赴德留學，開始修讀哲學、美學和心理學課程。[78] 隨後他於 1907—1908 年撰寫《中學修身教科書》，1909 年翻譯出泡爾生的《倫理學原理》，1907—1911 年間又寫成《中國倫理學史》，皆可呼應所謂妖怪學內界開示之方向，但具體倫理學觀點不限於井上之影響，此處不贅。另外，蔡元培在美育運動中提倡的，也有立足於「外界之開示」而開拓的部分，將山川草木、天地萬有之美納入城市規劃之中。他在 1922 年寫成的〈美育實施的方法〉就是在城市的環境出發，從胎教養兒至葬禮做墳都提出了具體實施的想法。以胎教院為例，他對建築物環境的外型、設計都很講究：

　　　　公立胎教院是給孕婦住的，要設在風景佳勝的地方，不為都市中混濁的空氣、紛擾的習慣所沾染。建築的形式要勻稱，要玲瓏，用本地舊派，略參希臘或文藝中興時代的氣味。凡埃及的高壓式，峨特的偏激派，都要避去。四面都是庭園，有廣場，可以散步，可以作輕便的運動，可以賞月觀星。園中雜蒔花木，使四時均有雅麗之花葉，可以悅目。選毛羽秀麗、鳴聲諧雅的動物，散布花木中間；須避去用索繫猴、用籠裝鳥的習慣。引水成泉，勿作激流。匯水成池，畜美觀活潑的魚。室內

78　蔡元培對心理學的興趣也不限於赴德留學時期，回國後在 1917 年在北大籌建中國第一所心理實驗室，後來成立心理學系，1929 年又籌建中央研究院心理研究所。

糊壁的紙、鋪地的氈,都要選恬靜的顏色、疏秀的花紋。[79]

他又謀求地方的美化,改善的範圍包括道路、建築、公園、名勝的佈置、古跡的保存和公墳,另外又建議設立美術館、美術展覽會、音樂會、博物館等,認為大自然的動植物標本化石乃至礦石皆可引起人類的美感,具賞鑑之價值。值得補充的是,這也是另一位同期重要美學家呂澂(1896—1989)反對蔡元培的原因。呂澂反對這種透過外物感入的方式來實踐美學,提出以唯識宗為本的美學觀念,是結合佛理(唯識哲學)與美學(移情理論)而成的美育路徑。[80]

總體來說,筆者認為蔡元培最初接觸到美與善之關聯的話題就是在井上的著作裏。但在實踐方案上,蔡元培跟井上作出了不同的選擇,這個選擇是在 1907 年到德國修讀哲學、美學、心理學等課程對美學、美育有比較深入的理解以後才作出的。作為一種新社會的構想,井上主張宗教與教育並行,雖亦提及「美的體認」,但僅附屬於宗教其下之部件,不成大類。但蔡元培在吸收德國美學思想後,漸漸對早期井上的宗教啟蒙方式作出反省,最後明確地揚棄宗教,選擇以美代之,結合教育,成為美育方案,是教育其下的一門重要類別。

79　蔡元培:〈美育實施的方法〉,載蔡元培編:《美育實施的方法》(上海:商務印書館,1925 年),頁 2。

80　有關呂澂的美學思想,可參考劉顏玲:〈論呂澂「唯識美學」——中國美學理論形態的探路者〉,《理論月刊》,2011 年第 7 期,頁 63—67。

六、結語

〈佛教護國論〉〈哲學總論〉《妖怪學講義錄》等跨文化文本在歐亞啟蒙與反啟蒙思想流轉的過程中極具代表性，展現了中、日知識分子在接受西方啟蒙辯證時產生的思想聯結，也充分體現他們在文化翻譯中的能動性。蔡元培早期為井上圓了「佛教護國」宗教啟蒙方案所吸引，驅使他反思宗教在現代社會的意義。但很快他就轉入對妖怪學中真偽信仰與情理問題的思辨，並對倫理學、心理學、美學產生興趣。後來在德國思想資源中反思推敲，提出以美育代宗教說，將倫理、宗教、國家作區分。

由此回溯與觀照，井上圓了的學說在日本明治時期佛教處於弱勢的背景下產生，是西方科學理性與日本宗教互相衝擊中成形的現代性產物。他一方面否定傳統迷信的怪力亂神之說，另一方面卻對當時日本湧現的理性啟蒙思潮表示質疑。其妖怪學大可視為對康德、斯賓塞等西學之回應，即面對不可思議、不可知。井上建議綜合理性運用與宗教（佛教）啟悟以開示真怪，超越理性，融合心物而了解終極本體。

在十九、二十世紀之交東亞共通的語境下，國家與宗教之關係成為焦點。井上的宗教學以佛教為至高，愛國與護理相結合。通過比較其與蔡元培二人之思想不難發現，蔡元培從井上學說中接受的不只是科學與啟蒙而已，也包括對理性權力的覺察，以及情感與理性之辯證，「開真怪」的路徑選擇，美的體認等議題，以上種種都刺激了蔡氏對啟蒙辯證的反思

與想像。由此可知，井上圓了的宗教啟蒙與中國清末民初逐
漸形成並在五四發揚的情感啟蒙具有密切聯繫，循此方向考
察，可對中、日反啟蒙思潮之成形與流變脈絡有更全面與深
入之理解。

第五章

從宗哲同源開始：
蔡元培譯科培爾《哲學要領》

蔡元培在 1903 年翻譯的《哲學要領》一書,屬其早期翻譯之一,卻長久而來不受重視。[1] 然而,本章有意提出其跨文化價值,認為書中蘊藏諸多線索,涉及德、日、中三地的思想傳播,可以揭示西學東漸過程中的具體思想聯結與流變。《哲學要領》是俄德裔哲學家科培爾 (Raphael von Koeber, 1848-1923) 在日本的授課講義筆錄。科培爾在 1893 年初到日本,秋冬季於帝國大學文科大學講授「哲學入門」,下田次郎 (1872—1938) 當時正就讀哲學科,其後將課程部分內容作筆錄並於 1897 以日文出版,[2] 蔡元培後於 1903 年譯成中文。[3] 科培爾早年在耶拿大學 (Friedrich Schiller University Jena) 取得博士學位,師從哲學家倭伊鏗,即人生哲學 (Lebensphilosophie) 的發揚者之一。他畢業後曾在德國不同大學教授過音樂史、美學等,1893 年經友人哲學家哈特曼 (Eduard von Hartmann, 1842-1906) 的介紹,6 月到日本帝國大學文科大學任教直至 1914 年,主要講授希臘哲學、中世紀哲學及美學課程。其學生包括西田幾多郎、波多野精一 (1877—1950)、和辻哲郎 (1889—1960)、夏目漱石 (1867—

---

1 目前未有專門討論蔡元培翻譯《哲學要領》的學術論文,一般學者僅在考察蔡氏思想淵源時或會提及並簡單帶過。另外,有關蔡氏在德國跨文化知識淵源方面的新近研究,可參考李宗澤:〈蔡元培思想中的德國資源〉,載楊貞德主編:《近代東西思想交流中的傳播者》(台北:中央研究院中國文哲研究所,2017 年),頁 199—229。

2 ラファエル・フォン・コエーベル (Raphael von Koeber) 著,下田次郎筆錄:《哲學要領》(東京:南江堂,1897 年)。作為參考,Koeber 日譯有「コエーベル」和「ケーベル」兩種寫法。

3 此書乃 1903 年蔡元培在青島期間據下田次郎的日文版本譯出,由商務印書館於 1903 年 9 月出版,現收入《蔡元培全集》,第 9 卷,頁 1—70。

1916）等，對日本哲學發展也有一定的影響。[4] 儘管科培爾本
人的哲學著作未在哲學史上佔一席位，但從以上人物網絡可
見他處身在跨文化思想傳播舞台的重要位置。《哲學要領》一
方面承繼了歐洲唯心主義的血脈，推動明治時期日本宗教哲
學結合之研究。另一方面則對尚未赴德學習的中國知識分子
蔡元培產生過一定影響，這種影響還可以與民國時期蔡氏領
起的美育運動，推崇的人生哲學思潮等互相對照。[5]

　　本章以蔡元培翻譯科培爾《哲學要領》作為跨文化個案，
目的有二，一是透過此書重構科培爾在跨文化思想交流中的
位置及貢獻，二是藉此探討蔡元培在宗哲到美育話題上的前
後轉變，了解其中的承繼關係。本章將先介紹科培爾在《哲學
要領》極力提倡的「神祕狀態」概念，繼而闡明這個概念的思
想養分源自於謝林（Friedrich Schelling, 1775-1854）「同一哲
學」（identitätsphilosophie）、哈特曼「無意識哲學」（Philosophy
of the Unconscious）、叔本華「意志論」、萊布尼茲（Gottfried
Leibniz, 1646-1716）「預定和諧論」（pre-established harmony）
等，從而展現蔡元培在翻譯科培爾著作時所面對的是一套宗
哲同流的知識論。本章將同時說明科培爾的看法在明治日本

4　有關科培爾的生平資料，筆者參考了：Michael F. Marra ed. and trans., *A History of Modern Japanese Aesthetics* (Honolulu: University of Hawaii Press, 2001). 和辻哲郎：〈ケ ーベル先生〉，《和辻哲郎全集》（東京：岩波書店，1962 年），第 6 卷，頁 1— 39。

5　近年學界開始注意蔡元培在留日時期的閱讀史與接受史，這部分可參考以下論 文：王青：〈蔡元培と井上円了における宗教思想の比較研究〉，頁 118—129。 廖欽彬：〈井上圓了與蔡元培的妖怪學 —— 近代中日的啟蒙與反啟蒙〉，頁 169—176。詳參本書第四章。

宗教哲學研究方面的位置。接着，以歐洲天才論切入來指出
《哲學要領》對文藝、美育開悟的傳統看法，並對比蔡元培赴
德歸國後宣揚的美育運動主張，說明蔡氏美育思想不同於早
期從科培爾著作中認識到的天才論觀點，體現出跨文化的能
動性。最後，通過爬梳蔡氏於新文化運動後數年的日記，發
掘他在五四時期對（新）神祕主義、象徵主義、人生哲學的興
趣，並聯結相隔廿年科培爾書中的神祕狀態作出討論，提出
兩者之間隱含着內在的轉化關係。

一、《哲學要領》與神祕主義

蔡元培在《哲學要領》序中講述到翻譯背景，認為當時
哲學界學說樊然，眾說紛紜，尤以唯物、唯心兩派之爭甚盛，
初學者易執於一派而劃地自圄：

> 初學者不得正宗之說以導之，將言惟物而詆純正哲
> 學之蹈空，言惟心而嗤物質文明之為幻，言有神而遂局
> 古代宗教之範圍，言無神而又以一切宗教為仇敵。門徑
> 既誤，成見自封，知之進步，於焉窒矣。德國科培爾氏
> 任日本文科大學教授之職，約舉哲學之總念及類別、及
> 方法、及系統以告學者，皆以最近哲學大家康德、黑智
> 爾〔按：黑格爾〕、哈爾妥門〔按：哈特曼〕家之言為
> 基本，非特惟物、惟心兩派之折衷而已。其所言神祕狀
> 態，實有見於哲學、宗教同源之故。而於古代哲學，提

要鈎元，又足示學者研究之法，誠斯學之門徑書也。[6]

　　由此可見，蔡元培選擇翻譯《哲學要領》並不是隨便「拿來」的，對於科培爾在書中提出的哲學知識論、方法論深有認同。筆者查考日本國立國會圖書館的紀錄，發現以《哲學要領》為書名的出版項有二。原來，早於科培爾出版以前六年，1887 年 4 月就首次有人撰寫上、下編共兩冊的《哲學要領》，著者正是井上圓了。井上是蔡元培在 1900 年前後始習西學時所關注的學者，其「佛教護國論」「妖怪學」等都直接影響了蔡元培，在 1906 年以前更是翻譯了數冊《妖怪學講義錄》。因此，若說蔡元培沒有讀過井上圓了之《哲學要領》，可能性很低。[7] 假設他讀過井上撰的《哲學要領》，並對照兩部書的內容結構，最終選擇翻譯科培爾的意圖就更明顯了。因為，井上的《哲學要領》用了絕大篇幅去描述世界哲學的不同學派門類的內容，從東洋哲學、西洋哲學的大類，到彌爾學派、斯賓塞學派等小類，五花八門，不正印證了蔡元培在科著《哲學要領》序中所述學說樊然之障礙？科培爾所著以哲學之總念、分類、方法、系統為綱，不同流派之說則按研究對象，如知識、絕對之存在、道德等，歸入系統一章之下。如此一來，整部書的重心就不在流派之爭，而是以問學方法為本，這也是蔡元培特別重視的一點。而《哲學要領》作為一本哲學入門書，最為特別的是其中大談特談的神祕主義或神祕狀態。

6　科培爾著，蔡元培譯：《哲學要領》，載《蔡元培全集》，第 9 卷，頁 1。

7　井上圓了：《哲學要領》（東京：哲學書院，1887 年），上、下兩冊。

　　神祕主義是宗教的重要一面，在人類史上歷史悠久。著名宗教學學者尼尼安・斯馬特（Ninian Smart, 1927–2001）曾提出以經驗、神祕、教義、倫理、禮儀、社會六個層面來探討宗教，[8] 其中若論神祕層面最難探討，當無異議。在近代語境中，十八世紀歐洲啟蒙運動挑戰神權，注重人對理性的運用，凡涉宗教者都受到質疑與重新審視，在此背景下，神祕主義首當其衝。例如皈依、默示、異象等神祕經驗是否是知識的絆腳石，神祕主義又是否與科學理性相悖，都成為了哲學家持續討論的話題。這不限於中國，在蔡元培動筆翻譯《哲學要領》之際，美國心理學家、哲學家威廉・詹姆士（William James, 1842–1910）就完成了《宗教經驗之種種》（*The Varieties of Religious Experience: A Study in Human Nature*, 1902）。這本研究宗教／神祕經驗的奠基之作以神祕經驗為基礎，探討人類處身於不同宗教經驗中的意識狀態。[9] 詹姆士以現代科學所認同的方式來討論宗教經驗，在實用主義的立場探討神祕主義，是宗教學的經典之作。儘管蔡元培當時尚未讀到《宗教經驗之種種》，但同樣面對現代知識論應否以及如何容納神祕主義的問題。他在日本哲學家井上圓了的《妖怪學講義》中認識到以現代科學的歸納、分類方法來研究和討論宗教經驗，並在科培爾的《哲學要領》中直接讀到有關西方神祕主義的討論，

8　Ninian Smart, *Worldviews: Crosscultural Explorations of Human Belief* (New Jersey: Prentice Hall, 1981).

9　詹姆士以超言說性（ineffability）、知悟性（noetic quality）、暫現性（transiency）、被動性（passivity）來劃定神祕經驗，但滿足前兩點就足以稱為神祕經驗。William James, *Varieties of Religious Experience: A Study in Human Nature* (London, New York: Routledge, 2002).

這些自然構成了他在 1907 年赴德學習前對世界當前宗教與知識論的理解。

　　《哲學要領》主張宗教、哲學之關係密切，不能切斷，因兩者皆自神祕本源而來，須合兩者之力才能理解到本源。「神祕狀態」的概念，在全書中佔據核心位置，是人生的終極目標、境界，下田次郎筆錄為「ミスチシズム」「神祕の狀態」「神祕主義」，三者混用，但較多採用「神祕の狀態」。[10] 科培爾在研究方法的部分特別介紹了神祕主義的由來：「英語之彌斯西姆 Mysticism，神祕之狀態也。」[11] 其語源於希臘語，有「鎖閉」之義。科培爾認為，神祕狀態於可感可覺之世界不能盡得，「吾人終不得不由現象世界而退於微密之境，閉物質界之眼，而開心靈界之眼」。[12] 科培爾指出，近世偏重主觀之哲學、宗教之折衷主義及極端的懷疑主義，構成人心狀態之動亂衰頹，當重新關注人心狀態、神祕狀態，理解神之本體。他又引用唯心主義者哈特曼之說，言神祕狀態乃去本體之一切附麗之物，人與太極 (ultimate) 本質無異。又曰：「是見也，忽起於吾人之心光，而實宇宙大本與吾人心靈確然同一之所致也。」[13] 這跟謝林的同一哲學、哈特曼的無意識哲學都有所

10　筆者以為此譯強調了這個概念的空間感（但不限於物理空間）。換言之，它不側重於一種信念、信條，而是注重於一種抽象領域的層次，一種形態。

11　蔡元培在參考日語原文後加入漢字音譯。科培爾著，蔡元培譯：《哲學要領》，載《蔡元培全集》，第 9 卷，頁 13。

12　同上書，頁 14。另外，「神祕狀態」在下田的筆錄中的一句採用了「入於極樂淨土」的佛教用語來說明，與詞源其實有分別，但整體來說沒有對全書意念產生太大影響。

13　同上書，頁 15。

呼應。

　　從科培爾對神祕狀態的描述到「起於吾人之心光」，與宇宙相合等想法，實際上跟蔡元培同期翻譯井上圓了妖怪學中的「真怪」概念都有相通之處。從中可以看到蔡元培在早期通過日本接受西方思想時，尤重非理性一派的思想。而且他認為宗教、神祕主義與哲學一同參與啟蒙，而不是站在現代思想的對立面。

二、謝林、神祕學與宗哲同源

　　科培爾是如何看待宗教與哲學之關係，兩者與神祕狀態又有何關聯呢？《哲學要領》採用了一個比喻來解釋：「宗教者，其神祕狀態之長子乎！[……]哲學者，其神祕狀態之少女乎？」[14] 意即，宗教、哲學同出於神祕狀態，但在客觀歷史發展上有先後之序，又因其核心有別，兩者容易因內、外因素而「互相疏間，至忘其同出之源」。[15] 科培爾這種看法顯然受謝林「同一哲學」的影響。謝林在《哲學與宗教》(*Philosophie und Religion*, 1804) 的導論就提出了宗教與哲學同源共生的觀念，並提到神祕學 (Mysterien) 的概念：

　　　　曾幾何時，宗教遠離民間信仰，像一團神聖的火苗那樣，保存在神祕學裏面，而哲學與它擁有同一座神廟。[……] 在後來的歲月裏，神祕學被公開了，被那些

14　科培爾著，蔡元培譯：《哲學要領》，載《蔡元培全集》，第 9 卷，頁 16。
15　同上書，頁 17。

原本屬於民間信仰的雜質玷污了。從此以後，哲學為了保持自己的純淨，必然擺脫宗教，成為一種與宗教相對立的隱祕學說。而宗教則背離了自己原初的本性，與現實事物混雜在一起，成為一種外在的東西。[16]

神祕學對於理解謝林思想非常重要，代表着哲學與宗教尚未分化以前的共同源頭，其特質是隱祕的、遠離民眾的。神祕學的制定者是最早的哲學家，但後來神祕學被公開了，則引致一種分化過程：宗教率先走出，與民間信仰（Volksglaube）合流而形成開放的、外在的（Exoterik）特性，而哲學則保持其隱祕（Esoterik）特性。隨後宗教威脅到哲學的位置，哲學因而變得淺薄貧乏。謝林認為哲學需要重回本源，即神祕學那處。他批評康德哲學中的公設（Postulate）是讓位予宗教信仰，大力推崇並希望繼承斯賓諾莎之遺志，「為理性和哲學索回那些已經被宗教的獨斷論和信仰的非哲學所霸佔的對象」。[17]謝林在《哲學與宗教》各章都捍衛着哲學或神祕學的位置，但並非反宗教的，他的目標是「要給哲學和宗教明確各自的定位，讓它們在不同的層面和範圍內分別發揮其應有的作用」。[18]雖然到了後期《天啟哲學原稿》，謝林極度推崇基督教，但學界傾向認為這並非一種基督教哲學，而是建立一種更高的「哲學宗

16　先剛：《哲學與宗教的永恆同盟：謝林《哲學與宗教》釋義》（北京：北京大學出版社，2015 年），頁 257。

17　同上書，頁 260。

18　先剛：〈謝林論「神祕學」〉，《雲南大學學報（社會科學版）》，2014 年第 13 卷第 3 期，頁 15—23，引文自頁 21。

教」。[19] 謝林後期修正了中期認為宗教背離神祕學、墮落的説法，認為神話（開放）與神祕學（隱祕）是一種自然而然的分化過程，亦即更強調了兩者的合作關係。

從謝林對神祕學、宗教、哲學等的觀點，我們可以發現科培爾《哲學要領》有所承繼。科培爾大致採用了謝林的觀點來解釋哲學起源，將宗教與哲學比擬為長子與少女，[20] 兩者同出於神祕狀態。科培爾認為宗教首出，為擴張勢力而壟斷神權，哲學出現遲於宗教。對此局面，不得不從另一進路糾正之：「哲學者，則並神祕之本源而斥之，一、以欲挫折宗教之勢力，故不得不以純粹冷靜保護真理之態，表示於人羣；二、欲舉所謂不可名言不可決定者，以觀念、若議論、若論理證明之。」[21] 科培爾所討論的核心跟謝林論述神祕學時提到的隱祕特性有關。謝林認為神祕學的知識只有少數人能理解的，宗教與哲學的分化都是基於這一點而合理發展的過程，而科培爾也表示了神祕狀態的分化是為了面向大眾。他寫道：「宗教者，不為有思想有學問之人設，而惟從事於籠絡蚩蚩之人民而已」，[22] 哲學因而須以理性的姿態展現予大眾。科培爾旨在批判宗教與哲學兩者各走偏鋒，終不能解神祕之真相，呼籲

---

19 除先剛以外，亦可參考德國學者瓦爾特・舒爾茨（Janke Wolfgang, 1912-2000）：《德國觀念論的終結：謝林晚期哲學研究》（北京：人民文學出版社，2019 年）。

20 這裏值得進一步説明的是，謝林在《哲學與宗教》中認為神祕學最初是由早期哲學家來制定的，換言之哲學稍早於宗教，但《天啟哲學原稿》中則修正為兩者同時產生，且兩者之對立並不能看為一種矛盾。科培爾主張的是先有宗教，後有哲學。

21 科培爾著，蔡元培譯：《哲學要領》，載《蔡元培全集》，第 9 卷，頁 17。

22 同上書，頁 17。

兩者需要向共同的目標進發，並於神祕狀態會合：「迨宗教及
哲學之進步，而兩者皆有回向本源之希望，於是中道和會，
而相與退憩於神祕狀態之中，以蓄其勢力；勢力既具，乃又
發現於世界，而為第二之爭焉。」[23] 換言之，科培爾在宗哲之
爭的立場是主張兩者並重，尋找互相協調之法。

　　科培爾肯定宗教的價值，形容它為「最適於神祕狀態之
沃壤」，但卻「不能以此限之」。[24] 他比擬神祕狀態為葡萄：「不
問其為樹、為壁、為杖，皆得緣而上之，而拘一偶然之現象，
而欲以為神祕狀態之本質，則其所謂神祕狀態者，亦不過偶
然之現象耳」。[25] 即執着於實體（樹、壁、杖）根本無法真正
理解其本質，因為它只是藉偶然現象而呈現。他認為哲學家
之言有助宗教理解神祕狀態。

　　上文提到「第二之爭」，反映了科培爾對宗教與哲學有一
套比較全面的看法，不是片面地去談兩者之關係。他提出宗
教與哲學除了「兩部之相爭」外，又「自有其相爭」：「新宗教
者，墳古之教權派者；新哲學者，與古之合理說爭，是也。
夫尊崇精神之新教，自尊崇經典之古教派觀之，不得不為異
端；神祕之哲學，自合理派之哲學觀之，不得不為狂為幻。」[26]
而科培爾認為人類世界之進步必須從此等所謂異端、狂信、
幻念之中找到「革新之機」：

23　同上註。

24　同上書，頁 15。

25　同上註。

26　同上書，頁 17。

　　然人類者，固將賴此異端者、狂者、幻者，以促其進步，由神祕狀態，而宗教及哲學有革新之機。此歷史之事實，諸君當於講義之日積而益信之。宗教也，哲學也，神祕狀態所命之二戰士，藉以保護其實利者也。是以神祕主義之人，不以自覺為止足，而又必多方以發明之，若詩之屬，若哲學之屬，若論理之屬，皆是也。而其發明之最高最備者，為根據科學之哲學。[27]

科培爾深信，世界之發現不是宗教與哲學之合力就足以完成，而是同時需要宗教、哲學本身革新。換言之，一切原理皆在不同範疇、立場的反覆辯證之中誕生，是以神祕主義者不應止於一方，應通過詩（文藝）、哲學、論理（logic）等各種發明去達到「科學之哲學」，是一種由玄思（宗教）而起卻又不違反理性（科學）的哲學。

　　宗教及神話史（太古流傳之事，多涉神怪者，如我國盤古開天地之類）者，人間哲學感情之表示也。各宗教者，或生於知識，或生於感情，或生於意志，各有其偏重之部分，及其民族、或民族中之人人有內省之識，而始為哲學家考索之事，於是神話學及宗教界漸以退步，而後代之以哲學。此人類智度進化之公例也。然其渴望宗教之思想，非由是而消滅，乃更深弔而遙企之，於是哲學者研究此思想之原因及其至理，且即宗教界而各探其所涵之真理、及與吾人關係之法式，而宗教哲學興焉。宗教之語 Religion，源於拉丁語之勒理格勒

27　同上註。

Religare，其義為接近，為合同，為膠連。故宗教者，神、人相契之義也，而宗教實與道德有密貼之關係。欲道德哲學之完成，不能不繼之以宗教哲學。[28]

可見，科培爾認同謝林的同一哲學，並認為哲學或知識的目標不是反宗教，終歸要回到宗教方可接近真理，這也是蔡元培初接觸西學時所接受到的知識論，與後來「代宗教」的思路具有差異。

三、宗教者，無意識之哲學

《哲學要領》：「宗教者，無意識之哲學也。哲學自宗教始，而又得謂之以宗教終，蓋哲學者，莫不歸宿於宗教問題，否則以他問題涵之。」[29] 此處將宗教描述為「無意識之哲學」，意義實超於字面上「無意間涉及哲學」的意思。日文中的「無意識」是外來語，約在 1885 年後才浮現於日本著作中，一作心理學專門術語解，一作源於哲學家哈特曼「無意識哲學」一說，此處指涉後者。事實上，閱畢《哲學要領》全書後不難發現科培爾的這位友人哲學家哈特曼的影響充斥其中。因此，了解哈特曼的思想也有助重現科培爾建立宗教哲學的思路的構成背景。

哈特曼在今日幾乎被全然淡忘，可是，在十九世紀下半葉的德國，他卻站在哲學界鎂光燈下。特別是他的《無意識

28　同上書，頁 9。
29　同上書，頁 7—8。

的哲學》(*Philosophie des Unbewussten*, 1869) 問世後風行一時，[30] 成為了德國在十九世紀六十年代至一次大戰前悲觀主義論爭 (Pessimismusstreit) 中的重要人物，與叔本華同樣備受關注。日本帝國大學最初就是邀請哈特曼赴日任教的，但哈特曼因膝傷並未答應，最後推薦了朋友科培爾赴任。哈特曼的重要在於他顛覆了叔本華哲學，為晚期唯心主義開創出新的路向。在《無意識的哲學》中，哈特曼從生理、心理、語言、歷史等諸多面向入手，試圖證明自然界中存有着單一的、普遍的無意識，它是有目的的，但潛行於意識之下，不被感知和識認。此一哲學系統受萊布尼茲的單子論、預定和諧論，以及謝林在區分意志與表象問題上的理論影響。哈特曼重提的正是自然哲學中經典論題：絕對的理性主體。而這種嘗試在當時德國自然哲學衰落，達爾文主義興起的背景下具有挑戰性。與之相近的是叔本華的意志論，但哈特曼反對叔本華哲學中，意志產生盲目之衝動和慾望的觀點，決意將無意識的概念擴展至表象的領域。[31] 具體而言，哈特曼不相信基督教尚有重建、修復的可能，因此必須創造出一種新宗教來代替以往的基督教，以承擔現代世界的價值觀和信仰。在有神論與

---

30 此書在 1869 年由 Carl Duncker 於柏林出版，至 1904 年為止已修訂了十一版，非常暢銷。書名有副題 "spekulative Resultate nach inductive-naturwissenchaftlicher Methode" 意即：「根據自然科學之歸納方法的思辨結果」。

31 Frederick Beiser, "The Optimistic Pessimism of Eduard von Hartmann," *Weltschmerz: Pessimism in German Philosophy, 1860—1900* (Oxford: Oxford University Press, 2016), 123–162. Sebastian Gardner, "Eduard von Hartmann's Philosophy of the Unconscious," in *Thinking the Unconscious: Nineteenth-Century German Thought*, ed. Angus Nicholls and Martin Liebscher (New York: Cambridge University Press, 2010), 173–199. 孫隆基：〈清末「世紀末思潮」之探微〉，《中央研究院近代史研究所集刊》，第 90 期 (2015 年)，頁 143—177。

唯物論之間，他轉而提倡一種無意識的泛神論或精神一元論，而《無意識的哲學》正是要為此新宗教提出形而上學的基礎。

　　在哈特曼的無意識學說之下，我們回過來看《哲學要領》。科培爾稱宗教為「最適於神祕狀態之沃壤」一說，就脫自《無意識的哲學》「神祕主義」一章。[32] 在哈特曼的這一章裏，他讚許神祕主義對人類文化構成有無價之功勞，不能輕易否定，又採用了謝林哲學中宗教、哲學同出於神祕學之說，認為哲學史只是以理性形式來討論神祕主義的內容。[33] 由此回看，我們會明白為何《哲學要領》大費周章談論神祕主義與宗哲同源的觀點，將之推崇為知識之道。因為科培爾所接受的一套知識論本就傾向於唯心或非理性一派，尤其跟哈特曼、謝林兩人關係密切，哈特曼又受到了謝林、叔本華、萊布尼茲的影響。不過，科培爾也不完全接受哈特曼那一套，他雖然同樣反對傳統基督教，批評它們壟斷神權，但個人仍支持宗教革新。科培爾所支持的宗教革新並不是歸正神學式的教義更新，也不單指宗教組織層面的革新，更是宗教面對現代哲學之態度上的革新。他主張，宗教需要回應哲學，而哲學同時必須回到宗教裏面，甚至需要發展宗教哲學的合成體。這一點在其〈哲學諸説の宗教的批判〉（1907）和《神學及中古

32　《無意識的哲學》：「其中，我們不應忽略宗教是神祕主義最容易萌生且繁茂之土壤，但這絕非其惟一之溫淋。」（筆者自譯）見 Eduard von Hartmann, trans. William Chatterton Couplant, *Philosophy of the Unconscious*, vol. 1 (London: Trübner, 1884), 357. 有關神祕主義一整章，見英譯本頁 354—372。

33　《無意識的哲學》：「[……] 我自整套哲學史所見無非是神祕所生之內容在理性系統形式中之轉換」（筆者譯）同上書，頁 368。

哲學研究の必要》（1910）可以看得更清楚。

　《神學及中古哲學研究の必要》原為科培爾之授課講義，後來由宗教研究組織出版。他在開首論及成書背景時就直指日本當時對中世紀基督教的認識並不足夠，尤其認為中古時期的基督教被視為令人厭惡的課題，而他冀望掃除這種偏見。他認為基督教神學知識不應只由想努力成為宗教家的人去學習，凡是受過教育的人，不論是否是基督徒，只要是想獻身於歷史、哲學、文學、藝術的人，都應當學習。[34] 在另一篇收入加藤直士編《最近思想と基督教》（1907）的〈哲學諸説の宗教的批判〉，[35] 他提出將哲學與宗教劃分界線、完全分離是不可能的。哲學諸説，或認識論，或倫理學，或美學，其問題最終都歸結於形而上學，而神的概念與宗教學就是形而上學的重要部分。[36] 這跟同書收入的小崎弘道〈予が信仰の立脚地〉焦點亦相近，認為最教人苦惱的問題是理科學和基督教的關係，同時亦即哲學與有神論的關係問題。[37] 整體而言，科培爾的主張在這前後十年的時段裏呼應着日本宗教學研究潮流的興

34　ラフアエル・フオン・ケーベル（Raphael von Koeber）：《神學及中古哲學研究の必要》（東京：教学研鑽和仏協会，1910 年），頁 1—6。

35　此書收入四篇文章，均是同年 3 月起各人受邀於東京番町教會堂演講後修訂的講稿，其中首篇科培爾主講的〈哲學諸説の宗教的批判〉由波多野精一譯出，其餘是浮田和民的〈社會理想の進化〉、小崎弘道的〈予が信仰の立脚地〉、海老名弾正的〈時代思想と基督教〉，書後又附有シドニー・ギユリキ（Sidney Gulick）的〈獨逸神學諸派分類表〉。

36　ラフアエル・フオン・ケーベル（Raphael von Koeber）演講，波多野精一譯：〈哲學諸説の宗教的批判〉，載加藤直士編：《最近思想と基督教》（大阪：基督教世界社，1907 年），頁 1—3。

37　小崎弘道：〈予が信仰の立脚地〉，《最近思想と基督教》，頁 131—132。

起，與姉崎正治《宗教學概論》（1900）、小崎弘道述《サバチエー氏宗教学概論》（1900）等合流，[38] 而科培爾的定位則是從西方基督教神學及哲學的視角帶動明治日本宗哲結合研究的路向。

四、神祕主義、象徵主義、人生哲學

前文説明瞭《哲學要領》中神祕狀態的意涵與哲學、宗教同源的觀點，蔡元培在 1903 年寫的序中並無提出異議，但後來他的宗教觀念有變，有否影響到對神祕主義的看法？蔡元培到了五四運動前後就銳意以美育代替宗教，並未採用日本的宗教哲學化、以宗教化解社會衝突的方式，科培爾以宗教哲學來開示神祕狀態的觀點基本上沒有再被提起。然而，二十年代初蔡元培對歐洲傳入東亞的一些非宗教式神祕主義還是有所關注，從他的日記可以折射出思潮的過渡。

在 1918 年 7 月 31 日的日記上，蔡元培頗為詳細地摘譯了一篇題為〈現代神祕主義〉的文章，查考可知文章由日本社會學家米田庄太郎（1873—1945）所寫，同年 5 月刊登於日本

38　姉崎正治：《宗教学概論》（東京：東京專門學校出版部，1900 年）。小崎弘道述：《サバチエー氏宗教学概論》（東京：東京專門學校出版部，1900 年）。有關姉崎正治及日本宗教學的構成，可參考 Isomae Jun'ichi, "The Formation of the Concept of "Religion" and Modern Academic Discourse," in *Religious Discourse in Modern Japan: Religion, State, and Shintō*, trans. Galen Amstutz and Lynne E. Riggs (Leiden, Boston: Brill, 2014), 55–67. 另外，姉崎正治的宗教學概念也受科培爾的影響，參考 *Religious Discourse in Modern Japan: Religion, State, and Shintō*, 161–162.

《太陽》雜誌第 24 號第 5 號上的〈輓近神祕主義の研究〉。[39]
米田參考了意大利哲學家 Erminio Troilo (1874—1968) 在 1899
年出版的《近世神祕主義》(*Il Misticismo Moderno*) 一書,對
現代神祕主義興起的現象作出解説。文章探討神祕主義興起
的原因,並歸納為 (1) 流行;(2) 思想之反動;(3) 實證主義
或科學之徹底。米田同意「反動説」有一定的道理,即以為科
學實證揭露了現實的醜惡,使人對現實有所憎惡而有逃避現
實的想法,所以投信於神祕主義,但更支持「徹底説」,即認
為神祕主義興起不是對實證主義、科學主義的反動,相反是
實證主義和科學主義帶來的正面結果。蔡元培摘譯説明如下:

> 蓋現今自然科學與實證主義均根據於一定之概念,
> 此前定的概念皆未經十分批判的考究,不過粗雜經驗
> 的概念,非舉是等經驗的概念,而為批判的考察以十分
> 洗煉之,則所謂實證與自然科學均不能為十分徹底,然
> 一經十分批判的考究,而於其奧,乃發現有理知之力、
> 科學之力所到底不及的。一物之存在而此一物之發見
> [⋯⋯] 自然對此物而抱神祕主義之氣氛,由此氣而產生
> 出神祕主義之思想,故今之神祕主義非如以前之不顧現
> 實、空漠妄想的,乃徹底現實的實證主義。自然科學於
> 其奧確認有一物而主其上之神祕主義也。[40]

39　中國蔡元培研究會編:《蔡元培全集》,第 16 卷,頁 57—61。文章原刊於日本
　　《大陽》雜誌第 24 卷第 5 號 (1918 年 5 月 1 日) 上,翌年又收入米田庄太郎:《現
　　代人心理と現代文明》(京都:弘文堂書房,1919 年),第 9 章,頁 681—712。

40　中國蔡元培研究會編:《蔡元培全集》,第 16 卷,頁 58。

　　此處指出了科學理性的局限之餘，也同時點明晚近神祕主義並不再是早期的「空漠妄想」，而是經歷科學理性洗禮後的，「徹底現實的實證主義」的神祕主義。米田又指出晚近神祕主義的「不順當」或「病」的原因（不健康或有所偏至的因素），一是羣集心理之發達，一是現代人之頹廢。前者是城市化羣集引起的結果，使人自我感減弱，似受「不具於自己之神祕力」影響；後者是偏入於消沉的情感中，例如道德感缺乏、精神意志薄弱、自暴自棄、空想、懷疑、煩悶等。此説呼應當時日本風靡一時的頹廢論（Die Entartung; Degeneration）。匈牙利社會批評家馬克斯・諾道（Max Simon Nordau, 1849–1923）針對當時法國社會乃至歐洲的世紀末風潮，否定一系列作家比如王爾德（Oscar Wilde, 1854–1900）、瓦格納（Wilhelm Richard Wagner, 1813–1883）、尼采、易卜生等，也否定象徵主義與神祕主義，認為此等文藝反映一種退化的人生，是一種現代人的心理疾病並需要醫治。米田嘗試回應諾道的看法，認同當時日本文藝有頹廢傾向，但不同意頹廢論對神祕主義的全面推翻。他有意識地區分新神祕主義與舊神祕主義，指出新神祕主義可開人生之真意義：

　　　　由實證主義、科學主義而深求之，發現有吾人理智所不可及之一物存在，發現之而以健全之精神進行，則為神祕主義之順當的原因。若以ヒステリ［按：Hysterie, 即歇斯底里］或神經衰弱症之人感之，則產生頹廢氣氛，而為病的原因。如別格遜［按：柏格森］如倭鏗［按：倭伊鏗］之著作，何嘗不認現實之具有一物

存在，然不感為惡氣味，若可，恐而轉以此為吾人自身
之本體，轉足見人生之真意義若價值也。[41]

米田由此說明，新神祕主義或生命哲學並非要推翻或否
定實證科學，而是立於實證科學的基礎上補足人生意義的空
白。蔡元培特別記錄並翻譯這一篇文章到日記裏，可見對此
說之重視，尤其文末提到的柏格森與倭伊鏗，對日本大正時
期的生命主義（Vitalism）[42] 以及中國二十年代人生觀派、唯情
論者都有影響，是歐亞思想聯結的一環。

就在同一年，梁啟超擔任巴黎和會的非正式觀察員，帶
同張君勱、丁文江等青年在歐洲各地訪問逾一年，期間會見
了倭伊鏗，由張君勱擔任翻譯。張君勱其後留在德國向倭伊
鏗學習哲學，1922 年兩人以德文合著了《中國與歐洲的人生
問題》（*Das Lebensproblem in China und in Europa*），促成了一
場歐亞思想文化交流，其後在 1922—1923 年期間，德國生物

41　引文出自同前書，頁 60。蔡元培在翻譯中作了縮減，原文論述見米田庄太郎：
　　《現代人心理と現代文明》，頁 706—710。

42　日本最早使用「生命主義」一詞的是田邊元，他在 1922 年《改造》雜誌 3 月號發
　　表〈文化の概念〉，介紹厲克德（Heinrich Rickert, 1863—1936）的《生命哲學》（此
　　書德文原著為 *Die Philosophie des Lebens: Darstellung und Kritik der philosophischen
　　Modeströmungen unserer Zeit* (1920)），小川義章隨即開始日譯，1923 年出版《生の
　　哲學：現代に於ける哲學上の流行思潮の敍述及び批判》），而厲克德的著作正
　　是批評歐洲不同學派的「生物學主義」（Biologismus），認為生物本身並無文化價
　　值，文化價值應該在生活中體現。見鈴木貞美：《「生命」で読む日本近代 ——
　　大正生命主義の誕生と展開》（東京：日本放送出版協會，1996 年），頁 19—
　　22。

學、哲學家杜里舒來訪中國講授生機學（vitalism），[43] 張君勱擔
任其翻譯，並發表〈人生觀〉一文直接觸發科玄論戰。[44] 蔡元
培對於這一波東西文化的交匯，不只是密切關注，直是參與
其中。1920 年講學社成立，蔡元培是其中成員，並積極邀請
西方學人到中國演講。翻查蔡元培日記，1921 年有三則相關
記載：

> 1921 年 1 月 2 日
>
> 　晤張君君勱。言倭鏗（Eucken）現方盡力於倭鏗
> 社（Euckenbund）事業，信從者在二千人以上，故不願
> 赴他國。柏格森（Bergson）不再在法蘭西學院講授，
> 由其大弟子勒盧繼講，柏氏新著有《心力》（*Energie
> Esprituare*）。後又為倭鏗之《人生價值及意義》與詹末
> 斯 [按：William James]《實用主義》譯本作序，可以見
> 柏氏對於現代哲學之見解。[45]
>
> 1921 年 3 月 20 日
>
> 　訪張君君勱，言倭鏗不能到中國講學，薦奈托浦君
> （Natorp）。奈君為新康德派巨子，與科享（Cohen）君同
> 鄉。又言德國哲學界現最被推崇者為許綏爾（Husserl）
> 君，許君著有《論理學研究》，反對心理學的論理學最

43　杜里舒的 "vitalism" 在五四時期翻譯為「生機學」。值得一提的是，杜里舒同時
　　是海克爾和倭伊鏗的學生，而海克爾的生命一元論、倭伊鏗的生命哲學分別是
　　促成日本大正生命主義的西學源流，可見生命主義不同派別、主張之間關係
　　密切。

44　有關這場思想運動之始末，可參考彭小妍：《唯情與理性的辯證：五四的反啟
　　蒙》，頁 51—107。

45　中國蔡元培研究會編：《蔡元培全集》，第 16 卷，頁 104。

力。又有屬克德（Riekert[按：Rickert]）君，著有《哲學系統》等書，亦新康德派之著名者，惜其人現在神經異常，未便聘往中國云。張君現請德國大學畢業生韋伯（Weber）君共同研究。韋君熟於哲學史，尤熟悉康德氏之純理批判。張君擬請其同往中國，備商譯康德著作，已約定每月酬以國幣一百元云。[46]

1921 年 3 月 21 日

午前訪倭鏗君，談一時許。詢以對於宗教之見解，彼言即個人沒入全體之義。又言人類須脫去否認世界的偏見，而信世界為可以認識者。又言對於工作，不可單認為謀生之作用，當有樂工之意，深許中國人之以工作為樂事。倭君以自己不能往中國講學，推薦奈、屬諸君及杜里希（Driesch）君，杜君為生理學家，現任來比錫大學教授。[47]

以上可見，蔡元培在引薦西方學人至中國一事尤為積極，而且對於倭伊鏗、柏格森等哲學家的人生哲學（Lebensphilosophie）學說很感興趣。歐洲人生哲學反對將物質、精神割分，不同意憑理智可詮釋人生之全體，着力探討在流動且連續的生命經驗中重拾「生之動力」。除了日記提及倭伊鏗、奈托浦（Paul Natorp, 1854-1924，今譯保羅‧納托普）、許綏爾（Edmund Husserl, 1859-1938）、屬克德等人共同經營《羅戈斯》（Logos）雜誌外，蔡元培在《民鐸雜誌》的

46　同上書，頁 119。

47　同上註。

「柏格森專號」寫了〈節譯柏格森玄學導言〉，藉以介紹其延綿 (duration)、直觀 (intuition) 之概念，[48] 可見他對柏氏學說之重視。

另外，蔡元培在 1923 年 5 月 17 日的日記有記錄借閱日文書單，其中包括三并良的《オイケン之哲學》(倭伊鏗之哲學)、西田幾多郎的《現代に於ける理想主義の哲學》(現代於理想主義之哲學)、土田杏村 (1891—1934) 的《象徵の哲學》、波多野精一的《宗教哲學の本質及其根本問題》等。[49] 這份書單提供了一個蔡元培閱讀興趣的側面給我們參考，不論是倭伊鏗的人生哲學，還是日本大正時期的生命主義和宗教哲學，他都有所掌握。其中，土田杏村的《象徵の哲學》就直接討論到神祕。[50] 土田是大正時期重要的自由主義評論家，深受西田哲學之影響。[51]《象徵の哲學》立意研究象徵對使用語言來表意與思考的經驗 (日文原文：意味的體驗)[52] 的作用，同時在某種程度上闡明瞭象徵在藝術、認識論、人生觀等之上的

48　蔡元培：〈節譯柏格森玄學導言〉，《民鐸雜誌》，第 3 卷第 1 期 (1921 年)，頁 1—11。

49　蔡元培：《蔡元培全集》，第 16 卷，頁 214。筆者發現《蔡元培全集》所印行之版本有兩處筆誤，未知出於蔡氏手誤還是植字有誤，特此註明：「三并良」誤記為「三良并」，「土田杏村」誤記為「土田吉村」。

50　土田杏村：《象徵の哲學》(東京：佐藤出版社，1919 年)。

51　有關土田杏村的新近研究，可參考清水真木：《忘れられた哲学者：土田杏村と文化への問い》(東京：中央公論新社，2013 年)，其中第三章「『象徵の哲学』を読み解く」有討論到《象徵の哲學》。

52　日語「意味」(いみ) 有語意的意思，也可以指陳價值的意思。土田所說的「意味的體驗」是指陳使用語言來表意與思考的經驗，故「意味」可以貫穿語意邏輯層面至人生價值層面。土田杏村：《象徵の哲學》，頁 15。

意義。[53] 土田書中引用到當時德國最新近的現象學及心理學論著，包括保羅‧納托普、西奧多‧立普斯 (Theodor Lipps, 1851-1914)、赫爾曼‧科恩 (Hermann Cohen, 1842-1918) 等，蔡元培在德國時也曾讀到。書中以「玫瑰—愛」為例說明象徵的意義是兩面的，是論理的同時附有非論理的。他認為言語在認識論上折射了生活的本相：神祕必有合理與非合理之兩面，象徵必有抽象與直接之兩面，或曰「神祕」，或曰「象徵」，或曰「意味的體驗」，都是同一物，而生活本身就是以這種方式來展現，其意義不需要以科學和理論 (理性的知識) 來決定。[54] 儘管土田最終將這種生活真義推向華嚴宗思想，但基本的思路就是質疑科學理性不足以指示人生觀，肯定直感的重要與神祕的意義。

不論是倭伊鏗、西田幾多郎還是土田杏村等人的觀點，其實都指向同一大方向：生命主義或新神祕主義，其根本就是出自對科學理性至上思潮的反動，不甘於把宇宙人生的真義停滯於科學知識的指導下，並試圖從科學轉向生命哲學。通過蔡元培二十年代初日記的考察，可以補足他前後立場轉折背後的弔詭。一方面，從 1903 年翻譯《哲學要領》到後來提出以美育代宗教說，是對宗教啟蒙的揚棄，轉向開拓中國美育啟蒙之道。但另一方面，由強調宗哲同源的神祕主義過渡至新神祕主義、象徵主義、人生哲學，背後卻有着非理性思潮的連貫，尋找實證科學以外的方法以重拾生活以及人生的價值。

53　同上書，頁 16。

54　同上書，頁 233—241，256—257。

五、天才與文藝

　　上文説明瞭科培爾之知識論立場以及其於明治日本的位置，接下來，本節將集中討論另一面向，即科培爾如何在美育相關的議題上對蔡元培產生潛在啟發。從科培爾主張以哲學配合宗教來開示真理的立場來看，蔡元培在 1903 年引入的這套知識論跟後來 1917 年以美育代宗教説的立場有截然之別。宗教從門徑之一退到應被取代的位置，那麼我們必須進一步問，美育 / 美術是從甚麼時候進入蔡元培的視野，成為可能？由宗教轉向至美育之間又有何内在的承繼關係？一般討論蔡元培的美育思想，會從他 1907 年赴德後修讀美學開始引入美育話題，筆者卻以為在更早的時間，美育話題就已經藉跨文化讀物被帶出來。《哲學要領》就有相關段落談及：「神祕之感覺，其内容，即宗教、哲學及美術之難題也。是不能以人為之方法論證之，自有此三學以來，固嘗試之而無效者也。」[55] 此處科培爾將研究神祕狀態之門徑定為宗教、哲學、美術（art，也作文藝）三者。[56] 他在綜論關係密切的宗教與哲學以前，就先將美術獨立來討論：

　　　　神我同一，在哲學，在宗教，皆足見之，而尤以未嘗經驗之美術為最易證明。彼蓋不由方法，而以直觀者

55　科培爾著，蔡元培譯：《哲學要領》，載《蔡元培全集》，第 9 卷，頁 16。

56　科培爾並未將（自然）科學列為門徑之一，認為一般自然科學不能開示神祕狀態，惟有科學中屬原理的部分可以達到哲學的範圍，協助研究神祕狀態，書中故而稱哲學為「原理之科學（A Science of Principles）」「科學原理之原理」「科學之科學」。同上書，頁 4—5。

表明其真理也。阿里士多德嘗於詩見之,故以為表示
人間生命之真理,詩勝於史。若創造之大思想家及美
術家,其悟徹之片刻,即神祕主義之人也。其他能理會
其所見,而終能步趨之者,是亦有神祕之血脈者也。何
則?理會深澈者,亦悟澈之天才之再生也,如讀詩然,
非與作者同感,則不能深領其趣。此雖最嚴正之歸納
法,亦非所能助者也。此悟徹神祕者之所以罕也。[57]

　　科培爾相信人可以通過直觀的方式,在文藝(美術)中
直接理解真理,這自然跟康德美學之所謂審美判斷力呼應。
科培爾認為,由偉大的文藝家悟徹真理之一刻起,他就成為
一位神祕主義者(Mystic),而其他「理會深徹者」即可藉文藝
作品悟徹真理,美學上有關天才論的觀點亦由此帶入。天才
論從英國詩人揚格(Edward Young, 1683–1765)領起,雖未完
全脫離柏拉圖所認為天才以神的啟示為依歸之舊說,卻強調
了天才的天賦才能,象徵着文藝由古典主義的模仿論轉向浪
漫主義的表現論,並直接影響到後來的德國狂飆運動思潮。[58]
在德國方面,康德認為天才必須具備獨創性能力而非對自然
的模仿,天才的精神(心理能力)能協調想像力、理解力等而
創造出藝術之典範。[59] 謝林則將無意識引入到天才論的討論,

57　同上書,頁 16。

58　汪洪章:〈誰為天才立法?——康德天才論的思想淵源、啟蒙意義及後世影
　　響〉,《杭州師範大學學報(社會科學版)》,2017 年 9 月第 5 期,頁 46—52。

59　同上註。

席勒（Friedrich von Schiller, 1759−1805）、歌德也參與其中。[60]
叔本華認為天才之直覺能洞察世界之本質，藝術更使人沉浸
於靜觀（contemplation）之中，忘卻有無盡慾求的意志。[61] 可
見，天才論不只限於藝術創作的討論，同時也是把握世界真
理乃至達到啟蒙的門徑之一。科培爾對天才論的看法同樣受
哈特曼影響。哈特曼認為天才先天就與常人不同，他們受神
祕主義影響，能以藝術表現出生命真理。[62] 科培爾採納此說，
認為文藝（美術）開示真理之法並不能授，人若非天才者，並
不能成為神祕主義者，亦不能透過讀神祕主義者之文藝而得
其血脈。普通人若要悟徹真理，則須寄望於哲學與宗教。他
為美術開示真理的方式設立較高的門檻，「非與作者同感，則
不能深領其趣」。因此，科培爾雖引入美術（文藝）的話題，
但未有發展或繼承美育啟蒙的構思，以為宗哲之道才是關鍵。
這跟蔡元培後來的取向有所不同，也間接體現出他在跨文化
思想脈絡中對啟蒙之道的深刻思考。

　　蔡元培在 1898 年與友人合設東文學社，閱讀日文書籍
學習西學，從 1900 年起譯出了日本哲學家井上圓了的〈佛教
護國論〉〈哲學總論〉等文章，1906 年前又翻譯《妖怪學講義

60　葉淑媛：〈論西方美學「天才」論中的合理因素及其啟示〉，《廣西師範大學學報
　　（哲學社會科學版）》，第 42 卷第 4 期（2006 年 10 月），頁 31—35。

61　湯用彤著，趙建永譯：〈叔本華天才哲學述評〉，《世界哲學》，2007 年第 4 期，
　　頁 77—84。

62　哈特曼歸納不同時代的天才神祕主義現象，認為神祕主義深藏於人類最內在本
　　性中，而這種先天能力不是所有人類均等的。Eduard von Hartmann, *Philosophy of
　　the Unconscious*, vol. 1, 358. 哈特曼在這一章延續了謝林的看法，將天才論與無意
　　識連上關係，認為天才 / 神祕主義者受無意識所驅動而創造出偉大的藝術。

錄》，而科培爾《哲學要領》也是在同一時期譯出。從這一類
翻譯的思想來看，可以說蔡元培在早期所接受的是與宗教（特
別是佛教）密切相關的哲學道路。[63] 這種傾向到了 1907 年赴
德學習後始有改變，後來 1915 年後更是明確提出以美育代宗
教說，這種轉向代表着一種對西方文化思潮的反思與回應。
蔡元培並不太關心天才論的話題，反之偏重於美的普遍性。
他在 1910 年代領起的美育運動是以一般人為對象，認為所有
人都能從美育中得到領悟，培養出超越利害的品性：「純粹之
美育，所以陶養吾人之感情，使有高尚純潔之習慣，而使人
我之見、利己損人之思念，以漸消沮者也。蓋以美為普遍性，
決無人我差別之見能參入其中。」[64] 他在 1925 年編成的《美
育實施的方法》就撰寫了專文討論如何通過社會教育、學校
教育、家庭教育來實踐美育，認為美育啟蒙是可以普及至社
會大眾的。[65] 書中另一篇由美育家呂鳳子（1886—1959）寫成
的〈中學校的美育實施〉也直接談到這點，可佐證美育運動參
與者是有意識地嫁接美學及美育，注重美的普遍性。文中述
及朗格（Konrad Lange, 1855–1921）等主張美的享樂說一派認
為，「美育不是要養成藝術家，但由藝術愛好的媒介使一般人
都能享樂藝術而已 [⋯⋯] 美育當注意教養，使人都明白如何
生活並且有所享樂」。[66] 呂氏又羅列其餘美育主張的派別，並

63　葛兆光曾從不同中國文化人於 1900 年前後的集體風氣，發現一種受日本宗教發
　　展影響而從宗教裏尋找護國之法的共同傾向。見葛兆光：〈孔教、佛教抑或耶
　　教——1900 年前後中國人的心理危機與宗教興趣〉，頁 71—114。

64　蔡元培：〈以美育代宗教說〉，頁 10—14。

65　蔡元培：〈美育實施的方法〉，《美育實施的方法》，頁 1—11。

66　呂鳳子：〈中學校的美育實施〉，載《美育實施的方法》，頁 14。

合而批評之：「在他們心目中的藝術，原是特別的天才取用材料而構成能生美感的製作。這樣説去，自然不能遍於人生全體」，又説美育「不但使一般人由教養而得享樂藝術，並且還期望他們一概成藝術家——最廣義的藝術家」。[67] 從蔡、呂兩氏之美育實施建議來看，他們都將美育的對象由特別的天才轉向一般人。

六、結語

蔡元培作為中國知識界之前驅，其知識觀是如何建立起來的？由前期支持跟宗教有密切聯繫的哲學道路，到後來五四時期主張以美育代宗教，轉而又關注人生哲學、新神祕主義，這前後如何轉化承繼？通過蔡氏翻譯《哲學要領》的跨文化思想考察，可重構出十九、二十世紀之交歐洲與東亞思想傳播的具體情形：科培爾首先在西方啟蒙運動以降的宗教與哲學的緊張關係中，綜合與調和萊布尼茲、謝林、叔本華、哈特曼等德國哲學家的不同主張與理論，尤在謝林的神祕學、哈特曼的無意識哲學概念底下整理出一套以宗哲同源概念為軸心的思想系統，在明治日本開始傳播。同時亦推動當地（基督教）宗教哲學研究。可以説，《哲學要領》代表着歐洲思想源流中一種不滿足於理性的神祕主義知識論，刺激了中、日知識分子對於啟蒙的想像。

在此背景下，蔡元培選擇翻譯《哲學要領》並不尋常，對

67　同上書，頁18。

宗教的態度與後來五四時期成為主流的啟蒙模式並不相同，[68]
他的思想轉變直接切中宗教還應否歸入新的知識論框架的關
鍵問題。蔡元培在《哲學要領》接觸到西方的非理性思潮，了
解到理性的局限，卻並未簡單接受科培爾所提議的宗教哲學
研究方案。他在書中也初步理解到一些具天才論色彩的美育
觀點，其後赴德學習，開始尋找思想啟蒙在宗教以外的可能
性，特別是倫理學、心理學、美學等範疇。[69]五四運動前後，
蔡元培積極宣傳美學思想及推動美育，採康德美學中美的普
遍性來應對時代轉型，認為美育可普及至一般人，與赴德前
接觸的天才論美育觀點並不同。此時他已放棄早年宗教哲學
化、以宗教化解社會矛盾的方式，但仍不離非理性思考。蔡
氏相信以美育代宗教可以彌補科學理性之不足，促進完整的
思想啟蒙。他在二十年代對德、法、日之新神祕主義、象徵
主義和人生哲學所保持的興趣，遙遙與早年帶德國學術背景、
在日傳播的《哲學要領》之神祕主義知識論有所呼應，為新、
舊兩股非理性思潮。通過上述考察，除了說明文本生成之脈
絡與知識分子之文化選擇外，亦有助具體比較出同一思潮或
立場下多種論述的差異性，呈現思想流變過程中連貫與變異。

68　黃克武將二十世紀中國思想界對宗教、迷信與科學的看法區分為兩條思路：胡
　　適、陳獨秀、魯迅、陳大齊等人的「五四啟蒙論述」，主張科學與宗教、迷信二
　　分，以及梁啟超、嚴復與科玄論戰中玄學派等人的「反五四啟蒙論述」，認為科
　　學有貢獻但亦有限度、宗教有其價值。黃克武：〈迷信觀念的起源與演變：五四
　　科學觀的再反省〉，頁 153—226。

69　蔡元培對於倫理學一直有所關注，在 1909 年翻譯了泡爾生的《倫理學原理》，
　　次年撰有《中國倫理學史》。另外，據蔡氏留德學習課表和自寫年譜，其興趣明
　　顯偏重於心理學和美學。見蔡元培著，高平叔編：《蔡元培文集》(台北：錦繡
　　出版，1995 年)，第 1 卷，頁 101—106，46—51。

第六章

翻譯「非理性」：
蔡元培譯泡爾生《倫理學原理》

前兩章提及蔡元培的跨文化學習背景，並以井上圓了和科培爾為角度，窺探其思想成形的歷程。本章接續蔡元培的跨文化思想淵源話題，以蔡元培在 1909 年翻譯出版泡爾生《倫理學原理》為個案，補充他在 1907 至 1909 年左右接觸到的西方非理性思想。繼而，揭示泡爾生的倫理學思想和情志論為蔡元培提供了一套非理性觀照來看待哲學、科學、宗教、美育等觀念。接着，本章將回置其學習脈絡，提出此段時間跟稍前受井上圓了影響的時期（1900—1906）以及稍後 1915 年起採取以美育代宗教說的時期之間是如何承接轉化，以補足學界對蔡氏思想成形過程之理解，同時有助於學界進一步討論 20 世紀初思想及文化翻譯的傳播路徑。

泡爾生是德國著名的哲學家、教育學家，在哲學方面專治倫理學，其教育學成就很高，[1] 在清末民初時期影響過王國維、蔡元培、毛澤東等。[2] 1907 年 5 月，蔡元培隨清政府出使德國大臣孫寶琦（1867—1931）到德留學，前後於柏林、萊比錫進出大學聽講，研究範圍從哲學、倫理學逐步轉移至實

1　有關泡爾生的教育學對中國之影響，陳濼翔認為，蔡元培從泡爾生、洪堡特（Humboldt, 1767–1835）的理念中得到德國新人文主義的滋養，與王國維、張君勱共同形成了一個非理性主義的學術趨勢。參考陳濼翔：〈王國維、蔡元培與張君勱的教育思想比較 —— 德國人文取向教育學的脈絡〉，《中正教育研究》，第 16 卷第 2 期（2017 年 12 月），頁 115—151。

2　可參考羅鋼：〈王國維與泡爾生〉，《清華大學學報（哲學社會科學版）》，第 20 卷第 5 期（2005 年 10 月），頁 23—30。金井睦：〈『倫理学原理』における蔡元培の翻訳の特徴：毛沢東の批注への影響を考察しながら〉，《現代社會文化研究》，第 63 期（2016 年 12 月），頁 91—107。

驗心理學，繼而又對美學有興趣。[3] 泡爾生在 1908 年去世，蔡元培隨即在 1909 年最先按蟹江義丸（1872—1904）的日譯本譯出《倫理學原理》，並交商務印書館 9 月出版，[4]1910 年再譯出泡氏〈德意志大學之特色〉一文，可見其重視。[5] 蔡元培稱泡氏為「德意志晚近之大哲學家」和「康德派」，與馮德、鐵欽納（Edward Titchener, 1867-1927）並列為重要學者，又言其學說參取斯賓諾莎和叔本華學說。[6]

對於蔡元培翻譯泡爾生《倫理學原理》一事，學界未有太多討論。[7] 筆者曾聽過一種觀點，認為這是基於生計所譯，

3　陶英惠：《蔡元培年譜》上冊（台北：中央研究院近代史研究所，1976 年），頁 190。

4　《倫理學原理》是泡爾生《倫理學大系及政治學社會學之要略》（*System der Ethik. Mit einem Umriss der Staats-und Gesellschaftslehre*）之其中一部分。Friedrich Paulsen, *System der Ethik. Mit einem Umriss der Staats-und Gesellschaftslehre* (Berlin: Wilhelm Hertz, 1896). 泡爾生著，蔡元培譯：《倫理學原理》，載《蔡元培全集》，第 9 卷。原著於 1909 年由上海商務印書館出版。

5　此文為泡爾生 1902 年出版的《德國大學與大學學習》（*Die deutschen Universitäten und das Universitätsstudium*）的引言部分，蔡元培於 1910 年譯出，12 月 11 日刊於《教育雜誌》。

6　蔡元培：〈改正倫理學原理序〉，《蔡元培全集》，第 9 卷，頁 245—246。

7　在中文學界，目前僅見劉正偉、薛玉琴〈清末民初蔡元培對西方道德教育理論的傳播〉稍有論及此書，惟未將文化脈絡闡明。劉正偉、薛玉琴：〈清末民初蔡元培對西方道德教育理論的傳播〉，《浙江大學學報（人文社會科學版）》，第 42 卷第 6 期（2012 年 11 月），頁 162—173。專門研究泡爾生的學位論文也只有一篇。王繹涵：《包爾生自我實現思想研究》（湘潭：湘潭大學碩士學位論文，2016 年）。

與學術志趣無關。[8] 為生計而作，確是合理原因，然而，當時日文撰寫的西學教科書多不勝數，即便是出於生計，仍有許多不同選擇。蔡氏選譯泡爾生之書，至少應是志趣之相投，難言全然無關。或有人以為，這不過是普通的哲學類教科書而已，實則不然，許多歐洲反啟蒙思潮下湧現的非理性思想實際上都包涵其中，值得加以考察。

一、《倫理學原理》與情志論

《倫理學原理》出自泡氏長篇著作《倫理學大系及政治學社會學之要略》之一部分。[9] 1899 年美國學者弗蘭克‧梯利（Frank Thilly, 1865-1934）將之譯成英文出版，[10] 同一年，蟹江義丸據原書第五版次譯出其中「倫理學原理」的部分。這部分原分九章，蟹江限於篇幅刪第三章「厭世主義」，以《倫理學》為名出版，後於明治三十七年（1904）改訂時重新補譯該章，並與藤井健治郎（1872—1931）所譯之「倫理學史」及深作安

8　蔡元培在 1907 年隨孫寶琦出使德國而於使館任職，每月津貼銀三十兩，惟費用仍不夠用，以譯書出版滿足日常經濟需要，是合理的推測。有關蔡元培當時之經濟情況，可參考高平叔：《蔡元培年譜長編》(北京：人民教育出版社，1996 年)，頁 327—330。隨清末科舉制度沒落停辦，新式教育機構出現，教科書在此書出版前後有一定市場，《倫理學原理》在隔年再版，也支持了這點。

9　全書可視為一總系，分為四部分：倫理學史、倫理學原理、德論及義務論、社會之形態，另在前加上序論。蔡譯本《倫理學原理》是由「序論」及「倫理學原理」兩部分譯出。又，蔡譯本《倫理學原理》德語詞彙在排版時有不少錯誤，例如 Eileitung 誤記為 Einleituny、Moralphilosophie 誤記為 Moralphilospheie 等，筆者自行改正，以下亦不逐一列出。

10　Friedrich Paulsen, *A System of Ethics*, ed. and trans. Frank Thilly (New York: C. Scribner's Sons, 1899). 英譯限於篇幅只將「倫理學史」「倫理學原理」「德論及義務論」三部分譯出。

文所譯之「德論及義務論」合併出版，名為《倫理學大系》。[11]
蔡元培的中文譯本，在篇幅上是參照蟹江 1899 年之譯本。

　　泡爾生立論持平但非「騎牆派」，他在 1905 年為休謨《自然宗教對話錄》所寫的導言中特別引用了休謨的說法：「信仰是基於我們的世界觀，而不是基於知識」，[12] 直可視為他在學術立場上的非理性宣言。在《倫理學原理》中，泡爾生在徵引和回應康德學說之餘，對於道德、宗教、科學等話題都嘗試提出了自己的看法，蔡元培在譯書過程中定對其中立論細節有深刻的了解。

　　《倫理學原理》寫作目的之一是為了平衡近代歐洲倫理學功利論和動機論兩大派別的觀點。泡爾生開篇便點明倫理學之本質並非「學」（主理論）而是「術」（主實踐），「示人之生活必如何，而後能適合於人生之正鵠者」。[13] 泡爾生將科學分為理論（theoretische）和實踐（praktische）兩類，前者是學理，後者為其應用，故倫理學也不能脫離於對應的理論，即以人類學和心理學為基礎的學理，以「預定人類性質及人生規則之知識，而用以解釋人類全體及各人之生活及行為，如何則有

11　泡爾生（バウルゼン）著，蟹江義丸譯：《倫理學》（東京：博文館，1899 年）。泡爾生（バウルゼン）著，蟹江義丸、藤井健治郎、深作安文共譯：《倫理學大系》（東京：博文館，1904 年）。以下引用蟹江譯本之頁數以 1899 年版本為準。

12　泡爾生為休謨《自然宗教對話錄》德文版第三版所寫的前言。Friedrich Paulsen, "Vorwort zur dritten Auflage," in David Hume, *Dialoge über natürliche Religion* (Leipzig: Verlag der Dürr'schen Buchhandlung, 1905).

13　泡爾生著，蔡元培譯：《倫理學原理》，頁 249—250。

助於人性之發展,如何則反益其障礙」。[14] 泡爾生相信,要討論人生觀念信仰的本源,就要回到心理學上的知、情、意。

在倫理學之研究法一節,泡爾生就「正鵠與知識之關係」指出「至善」應由「意志」來決定而非「悟性」:

> 蓋吾人所以決定至善之性質者,非悟性之職分,而實意志之職分也。吾人常若有具足生活之理想涌現目前,而又無思無慮,直認為無尚之正鵠。此等理想,雖明現於意志之域,然必非得之於悟性,而實出於吾人本體之映象也。[15]

「悟性」在德文原著中為 "Verstand",是理解力的意思。弗蘭克‧梯利的英譯本翻譯為 "intellect",日文譯為「解性」,都是同一意思。此悟性與意志(德文為 "Wille")對舉。泡爾生認為,悟性(理解力)的功能只是核定真偽,不能辨別善惡,善惡是價值問題,為意志所決定的。泡爾生在使用這些詞彙的時候,顯然參照了康德對相關概念的界定,例如康德將「悟性」歸類在「理論理性」之下,與「實踐理性」亦即「意志」相對應。泡爾生採用較為簡明的方式,旨在說明:「意志為精神生活之根本」,意志才是主導一切人類行為的關鍵,與推理或邏輯能力無關。

14　同上書,頁 250。蔡元培此處自行採用「學／術」的概念來翻譯,與泡爾生、蟹江稍有不同。金井睦提及,蔡元培很有可能是參考了西周對學、術的界定而將「理論／實踐」對應於「學／術」。金井睦:〈《倫理學原理》における蔡元培の翻訳の特徴:毛沢東の批注への影響を考察しながら〉,頁 93—96。

15　泡爾生著,蔡元培譯:《倫理學原理》,頁 250。

　　泡爾生指出道德判斷與悟性無關以後，就討論到道德與理性（Vernunft）、感情（Gefühl）的關係：

> 　　道德者，源於理性乎？抑源於感情乎？此自昔倫理學者所聚訟也。而二者實皆有關係，惟所以決定具足生活之何若者，則全在乎不可思議之感情。吾人雖有何等論證，不能由是而發生崇敬理性之感情，猶之嘗苦味時，不能由論證之力而使之變苦為甘也。[16]

　　他認為感情與理性互有關係、相互作用，但最終決定人類生活如何的是感情，正如人嚐苦味的感受並無法透過外來的理性來改變的。這種感受惟一變化的方式，是通過內在習性之改變，正如人可以通過習慣而接受苦味。這裏的「感情」主要是指慾望、情緒、衝動等作用，比較狹義，我們可以將感情聯結起意志作整體的考慮，來對應較廣義的「情感」或「情志」。質而言之，從悟性與意志、理性與感情兩組的論述來看，《倫理學原理》清晰地展示了泡爾生的主情志、反偏重理性的非理性主義傾向。

　　「意志」在書中佔了極為重要的位置，這點明顯是受叔本華的影響。叔本華在《作為意志和表象的世界》（*The World*

16　泡爾生著，蔡元培譯：《倫理學原理》，頁 255。蔡元培把日譯本中日文漢字的「直接的、不可論證的感情」譯為「不可思議的感情」，是一種跨語際實踐。「不可思議」一詞是佛教術語，日文裏也有「不可思議」「不思議」的用法，是超越人類之認識和理解的意思，在蟹江本中就有多次用到「不可思議」，蔡亦直接譯出。蔡元培以「不可思議」來翻譯「直接的、不可論證的」，且下句加上原文沒有的「崇敬理性之感情」作對比，可以看到蔡氏對於非理性思想有清楚的把握，並認同道德由一種先驗的、理性無從達到的感情所主導。

as Will and Representation）將康德「物自身」概念理解為意志，認為意志是一切表象（包括理性和感性）的另一種最終形態。[17] 泡爾生同樣重視意志，但對於知、情、志三者之關係有自己的看法。書中將心理活動分為意志及知識兩方面：「意志之動，為衝動、為感情；知識之動，為感覺，為知覺，為思維。」[18] 可見情、志兩者關係密切，與理知不同。意志與感情是如何互相作用？泡爾生解釋道：「意志與感情之關係，其始至密切也。各意志發動，而感情必隨之；各感情發動，而積極或消極之意志亦隨之。意志及意志之方向，若狀態，皆在於感情及感情表現之中。或以感情為因，意志為果，謬矣。」[19] 他主張先有意志，後有感情或理性：「蓋凡生物，皆有一種意向，以一定之特別生活為正鵠者，是為意志之趨向，而即生物內界之本質也。此其趨向，初非由知識若感情，經驗於生活之價值而始得之。」[20] 又認為其中的自由意志足以影響人類本質之構成：「蓋自由意志者，從通例解之，則謂人類有一種能力，能以其良心及理性，規定感官之衝動及性癖，使從於正鵠於規則而生活也。而人類既有此能力，則能由是而構成其本質，固無可疑者矣。」[21] 可見，泡爾生認為意志先於感情，直接經驗於生活之價值而來，並能主導生活正鵠。

17　Arthur Schopenhauer, *The World as Will and Representation* vol. 1, ed. and trans. Judith Norman, Alistair Welchman and Christopher Janaway (New York: Cambridge University Press, 2010).

18　泡爾生著，蔡元培譯：《倫理學原理》，頁 268。

19　同上書，頁 269。

20　同上書，頁 268。

21　同上書，頁 427。

在人類之精神界（心理狀態）進化以後，意志、感情的方向不一定一致，意志有可能反對感情：「意志之規定，或不關於感情之發動。吾人當計劃一事，或決定一策，常有不顧感情者，且有反對直接之感情而為之者。」[22] 這裏説的「精神界進化」，是逐漸由「無意識之衝動」到「感覺之慾望」乃至「理性之意志」為止。「理性之意志」屬最高形式，可產生良心以決定行為。泡爾生採意志為根本，目的就是推論出意志有能力違背感情，作出至善的價值判斷。不過，他亦特別標示美術屬「特別之感情」，不在此例之內：「至於特別之感情，如關乎美術者，雖未嘗不含意志之分子，而要不能謂之意志之衝動也。」[23] 泡爾生未就「特別之感情」多作解釋，只輕輕一提與美術相關，這點需要結合康德對美學的看法才能解釋清楚。

此外，值得補充的是，書中一節：「吾人之知識，可別為二種：一曰得之於經驗者，二曰得之於直覺者。」[24] 蔡元培用了「直覺」一詞來翻譯原文中 "rationale Erkenntnis"（筆者譯為「合理的認知」）一詞，蟹江日譯為「合理的認識」。[25] 泡氏原文應分別對應經驗主義與理性主義而言，蔡元培改用「直覺」來取代「合理的」，強化了這種能力直接感知以獲得知識的特性，淡化邏輯推理的面向，可透露他對於非理性的重視。此改譯亦與後來人生觀派、新儒家等之意念相合，張君勱、梁

---

22 同上書，頁 269。

23 同上註。

24 同上書，頁 252。

25 劉創馥：《黑格爾新釋》（台北：國立台灣大學出版中心，2014 年），頁 36，註 1。

漱溟、朱謙之、熊十力（1885—1968）等人高度重視「直覺」
一詞，或與柏格森的 "intuition" 概念呼應，或融會佛學、儒學
主張，各有發揮，[26] 他們看重的正是直覺的非理性思維方式。

回顧清末時期蔡元培之譯作或文章，《倫理學原理》最早
將西方情志論思想闡釋清楚，蔡元培往後基本上接受了這種
看法，並認同意志之重要又猶勝於情感。例如他在 1927 年大
學院成立時的演講說到真、善、美「三者之中，以善為主，真
與美為輔，因而人是由意志成立的。」[27]1930 年，蔡元培為商
務印書館編撰《教育大辭書》時所用之「美育」詞條曰：

> 美育者，應用美學之理論於教育，以陶養感情為目
> 的者也。人生不外乎意志。人與人互相關係，莫大乎行
> 為。故教育之目的，在使人人有適當之行為，即以德育
> 為中心是也。顧欲求行為之適當，必有兩方面之準備。
> 一方面，計較利害，考察因果，以冷靜之頭腦判定之。
> 凡保身衛國之德，屬於此類，賴智育之助者也。又一方
> 面，不顧禍福，不計生死，以熱烈之感情奔赴之。凡與
> 人同樂、捨己為羣之德，屬於此類，賴美育之助者也。
> 所以美育者，與智育相輔而行，以圖德育之完成者也。[28]

可見，美育最終極的目標是平衡智育，並共同完成德

26　Hao Chang, "New Confucianism and the Intellectual Crisis of Contemporary China," in *The Limits of Change: Essays on Conservative Alternatives in Republican China*, ed. Charlotte Furth (Cambridge: Harvard University Press, 1976), 276–302.

27　蔡元培：〈真善美〉，《蔡元培全集》，第 6 卷，頁 137。

28　蔡元培：〈美育〉，《蔡元培全集》，第 6 卷，頁 599。

育。此外，蔡元培在〈美育與人生〉進一步闡述了情感（感情）與理智（知識）的輔助功能：

> 人的一生，不外乎意志的活動，而意志是盲目的，其所恃以為較近之觀照者，是知識，而以供遠照、旁照之用者，是感情。意志之表現為行為。行為之中，以一己之衛生而免死、趨利而避害者為最普通。此種行為，僅僅普通的知識，就可以指導了。進一步的，以眾人的生及眾人的利為目的，而一己的生與利即託於其中。此種行為，一方面由於知識上的計較，知道眾人皆死而一己不能獨生，眾人皆害而一己不能獨利；又一方面，則亦受感情的推動，不忍獨生以坐視眾人的死，不忍專利以坐視眾人的害。更進一步，於必要時，願捨一己的生以救眾人的死，願捨一己的利以去眾人的害，把人我的分別，一己生死利害的關係，統統忘掉了。這種偉大而高尚的行為，是完全發動於感情的。[29]

這裏清晰表明瞭知識與情感可輔助意志進化。保衛自己的行為只需要普通的知識便足夠，而進一步捨棄一己生命與利益而捍衛他人之生命與利益，就非一般意志可推動，知識方面的利他主義或感情方面的不計利害，都可以參與其中，指導意志，成就道德上偉大、高尚的行為。蔡元培認為當時知識正得以普及，但感情未得重視，因此可以藉助美育以達到知識與感情的調和，使人認識人生的價值。從泡爾生《倫理

29　蔡元培：〈美育與人生〉，《蔡元培全集》，第 7 卷，頁 290。此文在蔡元培生前並未發表。

學原理》到蔡元培後來的文章中，他們都強調情感與意志兩者關係密切。而蔡元培更重於美育的功用，認為美育可以推動情感，情感又能輔助意志，最終可以完成德育，可以說是以美育豐富了泡爾生的倫理學論述。

二、以「美」為「善」

　　泡爾生被歸為新康德主義者，《倫理學原理》中對美、善的觀點也顯然建基於康德哲學。[30] 儘管泡爾生對美着筆不多，關注點集中在善的議題上，但他還是在康德的基礎上準確地指出美、善的相通性。這裏先整理康德判斷力理論之大概，繼而展示泡爾生如何聯結美、善，並對蔡元培有關美育的思考有所啟示。康德在完成《純粹理性批判》《實踐理性批判》後，便着手撰寫《判斷力批判》，意圖透過判斷力 (Urteilskraft) 在兩者之間建立橋樑，使情感在知性 (認知能力) 與意志 (道德判斷) 之間發揮作用。康德認為自然是具有目的性的，人亦有道德上的目的性，因此，人應該思考自然的形式如何符合人的主觀目的性。他相信兩種目的性是互不衝突的，但這個過程必須通過一種可以統合認知和道德的能力來進行，並稱這種能力為「反思性的判斷力」。

30　泡爾生曾寫過兩部介紹康德的著作：*Versuch einer Entwicklungsgeschichte der kantischen Erkenntnisstheorie* (Leipzig: Fues, 1875) 和 *Immanuel Kant: Sein Leben und seine Lehre* (Stuttgart: Frommann, 1898)。他對康德思想有極高的評價，肯定康德大部分的論題，惟在先驗和義務論的論題上稍有不同看法。Friedrich Paulsen, *Immanuel Kant, His Life and Doctrine*, trans. J. E. Creighton and Albert Lefevre (New York: Scribner, 1902), xi-xvi.

　　康德將判斷力區分為「規定性的判斷力」和「反思性的判斷力」，前者是指我們進行判斷時所依據的根據已經給定，判斷力只需要進行判斷的過程，而後者則是我們進行判斷時所依據的根據並沒有給定，我們在進行判斷的過程同時也應該發現決定的根據。[31]「規定性的判斷力」所指向的是「先驗的判斷力」與「實踐的判斷力」，其根據分別為「純粹知性」和「純粹意志」，其闡明的結果分別是「範疇」和「道德命令」。就其本質而言，純粹知性是一種自我意識的先驗的統一，是一種「我思」，而純粹意志是脫離自身而以他身的角度思考問題，以自由為本質去形成道德命令，是一種「他思」。從此，康德提出「反思性的判斷力」企圖整合「我思」與「他思」，亦即「審美的判斷力」與「目的論判斷力」兩種展現方式。[32] 他假定了有某種先驗且主觀的依據在判斷的背後，而這種主觀依據卻在人類之間有共通性，所以這種共通感（sensus communis）[33]具有合目的性的特質。這種「反思性的判斷力」與知性（理論理性）不同之處在於它不能為自然立法。康德將共通感與

31　盧春紅：《情感與時間——康德共同感問題研究》（上海：三聯書店，2007 年），頁 40。

32　康德又將「（反思性的）判斷力」區分為「審美的判斷力」與「目的論判斷力」兩類，合目的性原則放在前者則是主觀的合目的性，放在後者則是客觀的合目的性，亦即自然目的，而這種自然目的論可視為自然神學之預備。參考牟宗三：〈譯者之言〉，載康德著，牟宗三譯註：《康德：判斷力之批判》上冊（台北：台灣學生書局，1992 年），頁 I—II。

33　此處並不同於一般的常識（common sense），非約定俗成、潛移默化、從後天獲得的能力，而是人類先天擁有並且相通的能力。"Sensus communis" 這個概念在哲學界有複雜的討論，未有定案，筆者主要參考了張鼎國：〈共同感與判斷力：一個詮釋學與康德哲學詮釋〉，《國立政治大學哲學學報》，第 42 期（2019 年 9 月），頁 91—126。

美感 (Ästhetik，又譯「直感」)、情感聯繫起來，通過鑑賞
(Geschmacksurtheil) 使人重回生活，以生活實踐的方式完成
幸福與德性的統一，從而消解自然領域與道德領域的對立。[34]
因此，康德說：「美是德性—善的象徵。」(Das Schöne ist das
Symbol des Sittlich-Guten.) [35] 美的源頭是人類內心的道德世
界，鑑賞是通過「反省的類比」的方式，將道德概念轉移到自
然世界。因此，康德認為美術需要人類從內心能力上通過人
文知識而得到陶冶，構成一種與人性相合的社交性，發展道
德理念和培養道德情感。當感性與道德情感一致的時候，真
正的鑑賞才具有確定不變的形式。[36] 藉着美、善之間的類似
性，他不排除通過審美經驗的高雅化可以使人逐漸道德化，
而席勒所提倡的美育正是將此發揚光大。[37]

在康德《判斷力批判》對美的討論背景下，不難理解泡
爾生何以視美術為特別之感情，而非意志之衝動。在《倫理學
原理》中，泡爾生沿襲了康德對美的看法。他認為美、善具有
相似性，兩者都不為理性 (純粹知性) 所主導，而是按照一種
無意識中運作的規則而實行的：

> 此時期之學說，所持以為根本之直覺者，謂最高
> 最善之境，非能由理性而思議之，亦非能由一種有意識

34　盧春紅：《情感與時間 —— 康德共同感問題研究》，頁 86—89。

35　或譯「美是道德—善的象徵」。康德著，鄧曉芒譯：《判斷力批判》，頁 201。

36　同上書，頁 203—205。

37　福爾克爾・格哈特 (Volker Gerhardt, 1944-) 著，舒遠招譯，鄧曉芒校：《伊曼
　　努爾・康德：理性與生命》(北京：中國社會科學出版社，2015 年)，頁 279—
　　281。

之規則而實行之，乃由無意識之中，轉化而成立者也。此在美為最著，而善亦如之。善及善之圓滿，不能由倫理學之規則而演出之、成立之，猶美之不能由理性演出之，而由美學之規則以成立之也。最純粹之藝術品，由天縱者以無意識之感覺構成之，而美學不與焉。最圓滿之道德，亦由天縱者以其本能實現之，而倫理不與焉。[38]

泡爾生駁斥效益論，認為單憑理性去思議、計算效益利弊，並無法達到至善。人的本能就有一種由無意識中轉化而成立的規則，此規則適用於意志與判斷力，直覺不能由有意識的規則控制，正如美也不能由理性推演而得。藝術品之美是由無意識之感覺驅使而構成，所謂之美學只是其後歸納所得的結果，是事後之分析，不是動因。這一點在康德書中附錄「鑑賞的方法論」中就有詳細的討論。康德指出，美育無法通過規則的歸納而決定美：「大師必須示範學生應當做甚麼和應當如何做，而他最後使他的處理方式所服從的那些普遍規則，與其說可以用是把這種處理的主要因素頒佈給學生，倒不如說只能用來附帶地把這些因素納入記憶之中。」[39] 換言之，任何以科學方法去為美立法的嘗試都只會落空，他否定所有以科學方法規定美的可能，甚至斷言沒有關於美的科學：

> 沒有、也不可能有關於美的科學，而且鑑賞的判斷是不能通過原則來規定的。至於任何藝術中的科學性的東西，即針對着在表現藝術客體時的真實性的東西，那

38　泡爾生著，蔡元培譯：《倫理學原理》，頁 356。

39　康德著，鄧曉芒譯：《判斷力批判》，頁 203—204。

麼它雖然是美的藝術的不可回避的條件（condition sine qua non），但不是美的藝術本身。所以對於美的藝術來說只有風格（modus），而沒有教學法（methodus）。[40]

康德所說的是「不可能有關於美的科學」，意指無法通過科學方法而為美下定義，而不是無法用科學方法去分析和欣賞美。泡爾生接受了這種觀點，又基於美、善的共通性，將這種觀點投入到倫理學之中。所以，他認為倫理學及美學的分析兩者都永遠無法取代「美」這種人類根本的無意識感覺：

> 美學也，倫理學也，皆無創作之力，其職分在防沮美及道德之溢出於畛域，故為限制者，而非發生者。美及道德之實現，初不待美學、倫理學規則之入其意識中，或為其注意之中心點。不寧惟是，人苟以美學、倫理學之規則，入其意識或為其注意之中心點，則往往轉為實現其美與道德之障礙。[41]

對學者而言，美術可以用科學的方法去分析和研究，但於一般人來說，並不需要美學或倫理學的規則來指導人，人直接在美術中完成「美及道德之實現」，即美術的實踐本身就可以使人在道德上有益處。

泡爾生這種想法也成為了蔡元培的美育提倡之根本。在五四時期，蔡元培公開呼籲利用美術的教育及實行來建立新

40　同上書，頁 203。

41　泡爾生著，蔡元培譯：《倫理學原理》，頁 356。

文化，他在〈文化運動不要忘了美育〉(1919) 云：

> 現在文化運動，已經由歐美各國傳到中國了。解放呵！創造呵！新思潮呵！新生活呵！在各種週報日報上，已經數見不鮮了。但文化不是簡單，是複雜的。運動不是空談，是要實行的。要透徹複雜的真相，應研究科學。要鼓勵實行的興會，應利用美術。[42]

蔡元培認為，美育可以鼓勵人有意趣、興致而去實踐新文化，使人有「超越利害的興趣，融合一種劃分人我的偏見，保持一種永久和平的心境」，不會落入自利主義或厭世主義等流弊之中。[43] 他在〈與《時代畫報》記者的談話〉(1930) 中云：

> 我的提倡美育，便是使人類能在音樂、雕刻、圖畫、文學裏又找見他們遺失了的情感。我們每每在聽了一支歌，看了一張畫、一件雕刻，或是讀了一首詩、一篇文章以後，常會有一種偉大的使命。這種使命不僅僅是要使人人有飯吃，有衣裳穿，有房子住，他同時還要使人人能在保持生存以外，還能去享受人生。知道了享受人生的樂趣，同時便知道了人生的可愛，人與人的的感情便不期然而然地更加濃厚起來。那麼，雖然不能說戰爭可以完全消滅，至少可以毀除不少起釁的秧苗了。[44]

蔡元培認為美育使人有偉大的使命 (道德理念)，聯繫情

42　蔡元培：〈文化運動不要忘了美育〉，《晨報》(北京)，1919 年 12 月 1 日，頁 1。

43　同上註，頁 1。

44　蔡元培：〈與《時代畫報》記者的談話〉，《蔡元培全集》，第 6 卷，頁 614。

感，重回生活並發現人生意義，整套想法脫自康德美學。回看泡爾生《倫理學原理》，可發現蔡元培在翻譯此書時，便留意到倫理學與美學相提的看法，兩者的共通性問題應在當時已進入視野。

三、道德與宗教

從科學革命及啟蒙運動以降，情感還是理性，宗教還是科學的思辨充斥了各家學說，形成豐富的光譜。情理之爭傾重於思潮學理，宗教科學之爭則兼及實際運作方式的考慮。《倫理學原理》有專節討論道德分別與宗教、科學的關係，這是泡爾生對啟蒙運動的直接回應。值得注意的是，蔡元培譯出此書後 1915 年再編撰《哲學大綱》的時候就首次提出「凡現在有儀式有信條之宗教，將來必被淘汰」的看法，跟清末時期的取態有明顯的分別。本章認為，泡爾生對宗教（基督教）的看法有助促成蔡元培的思想轉變，使他逐漸思考出以倫理學與美學去取代宗教的方案。

泡爾生首先為宗教與道德確立了共同目標，即將意志達於至善之境，繼而分論兩者相異的路徑：

> 二者同出一源，即熱望其意志之達於美滿之域者是也。惟在道德則要求之，而在宗教則實行之。蓋圓滿也者，在道德界僅為抽象之敘述，而在宗教界則為具體之直覺也。自客觀者言之，道德與宗教同物，而以二方向現之。人之以其意志及行為勉達於美滿之域者，道德

也；以神為美滿之代表而藉以充塞其感情信仰及希望者，宗教也。[45]

泡爾生以為道德與宗教是一體之兩面，一主學理，一主實踐，目標一致但方式不同：道德指示人以意志行為勉力求至善（美滿），而宗教以「神」為至善的代表，充塞人類感情信仰及希望。他從此提出兩者結合，以「宗教之制裁」助「道德之陶冶」，且宗教關於人之死後審判一說有助於實踐公平等價值。而高尚之人動機更為純粹，以為神不但是公明之法吏，更是吾人之慈父，「無褻其公明，無負其親愛」，造次顛沛亦不敢忘其教誨。[46]

在泡爾生這段表述當中，他將道德的至善和宗教的神視為同物，這就引起了一種可能性：若單從道德去達到至善，理論上應該跟通過宗教來達到至善是同一結果，如此宗教則沒有必然性了。泡爾生在「論其內界必然之關係」一節坦言，在宗教與道德是否有必然關係的問題上，學界眾說紛陳，但他傾向相信兩者有所相關，即使非必然關係。[47] 他認為對於大部人來說，有信仰普遍會更易於走近道德至善。

我們必須留意到，宗教與道德是否存在必然性關係這一點，正是蔡元培與泡爾生出現思想分歧的關鍵。蔡元培及後思考的是如何通過其他方式，比如美育，來取代宗教在社會

45　泡爾生著，蔡元培譯：《倫理學原理》，頁 399。

46　同上註。

47　同上書，頁 400—403。

上的作用。而泡爾生還是主張保留及改良宗教以合道德，因此他必須與宗教對話，解決社會對宗教的疑慮，這不單是因為十九世紀的德國基督教的影響，而是更長遠，由中世紀時期基督教會歷史遺留下的問題，包括十字軍東征及贖罪券等。而蔡元培也是在此宗教歷史脈絡之下去思考替代宗教的方案。

1096 年，在羅馬天主教教皇准許下發動十字軍東征，開展近兩百年的宗教戰爭。這場戰爭的最初目的是收復被穆斯林統治的聖地耶路撒冷，但背後牽涉到不同集團的領土統治權力與經濟利益的爭奪。宗教戰爭導致的死傷直接驅使人們反省宗教的道德問題，而同時也衍生出異端裁判所和贖罪券的問題。1231 年教皇決意成立異端裁判所（Inquisitio Haereticae Pravitatis），這是針對異端宗教徒而成立的宗教法庭，曾對異信者作出鞭笞、監禁、火刑處死等刑罰。其後於 1478 年，西班牙女王也下令成立西班牙宗教裁判所，以殘酷的方式懲罰異信者，裁判所一直運作至 1820 年。十字軍東征與異端裁判所一直在歐洲歷史裏代表宗教專權暴戾的一面。

另一方面，十字軍東征以後羅馬天主教會急需籌募資金而衍生出贖罪券，引發了後來馬丁·路德的宗教改革，是新教成立的導火線。贖罪券來自於大赦（indulgentia）的概念，「大赦」原為仁慈之義，無直接的《聖經》根據，但基於《聖經》中補贖觀念發展而來，相關的神學意涵與演化歷史此處不贅。大赦的實踐可上溯至十一世紀烏爾邦二世（Urban II, 1042–1099）為招募士兵進行十字軍東征而承諾行大赦，到了

十三世紀至十五世紀教會面對十字軍東征以後帶來的嚴重財
政問題，開始將大赦與金錢聯結起來，發行由教皇簽署的贖
罪券（正名為「大赦證明書」），容許以金錢代替善功。後期更
衍生出贖罪券銷售員的行業，欺騙民眾以財富抵消死後在煉
獄的苦難。1517 年，教皇利奧十世（Leo X, 1475-1521）大
規模出售贖罪券，名義上是修建聖保羅大教堂，私下也跟主
教債務有關。由於這次出售的是「全大赦」贖罪券（plenary
indulgence），有別於過往只能減免煉獄一定年數的「部分大
赦」贖罪券，於是引來民眾極大關注。同年 10 月 31 日，德國
修士馬丁‧路德將《九十五條論綱》（正式名稱為《關於贖罪
券的意義及效果的見解》，拉丁文：*Disputatio pro declaratione
virtutis indulgentiarum*）釘在威丁堡教堂大門外，公開質疑贖
罪券的正當性。路德當時已獲得神學博士學位，並成為維滕
貝格大學（Universität Wittenberg）教授。路德此舉引起了後續
不同神學家的響應，直接引發德意志宗教改革運動，也促成
基督新教的誕生。[48]

在此歷史背景下，泡爾生就中世紀教會遺留下來的問題
提出批判：

> 凡俗之人，其宗教心亦不免凡俗，後且以為未來
> 賞罰，可以市道襲取之，苟能盡義務於宗教，則雖恣行
> 不德，亦復何傷。一切罪惡，皆可以施捨僧寺之金錢消

48　麥格夫（Alister E. McGrath, 1953-）著，陳佐人譯：《宗教改革運動思潮》（香港：
　　基道出版社，1991 年），頁 80—95；楊慶球：《馬丁路德神學研究》（香港：基
　　道出版社，2002 年），頁 6—13。

滅之。凡宗教之儀式，漸趨複雜，則此等弊習，皆所不免。[……] 弊習積而不祛，則為宗教界之大害，將使愛真理崇道德之情，更為痿疲，而又為發生狂信之素地。狂信者，以為不敬吾人之所崇拜者，即不敬吾人，即吾人之敵，實即吾人所崇拜之神之敵也，屠戮此輩，使無遺種，即吾神所獎勵之善行焉。[49]

此處顯然是針對贖罪券、宗教戰爭以及殘害異信者，認為宗教儀式趨繁複則偏離宗教本心，積習而成大害，阻礙尋求真理、道德。不過，儘管教會有其弊端，泡爾生始終偏向於保留宗教，這一點跟蔡元培早期寫的〈佛教護國論〉中對佛教的立場很相似，是走宗教內部改革的路線，而不是廢除論或替代論。泡爾生指出，宗教以信仰為基本，兩者關係密切，應藉助宗教之力使人堅其信仰：

人既信善之有勢力矣，信神矣，則足以鼓其勇敢而增其希望。吾敢言人之處斯世也，無此等信仰，而能立偉大之事業者，未之有也。一切宗教，以信仰為基本，其師若弟，以信仰戰勝於世界，古今來殉教者，終身為觀念而生活，抵抗詰難，閱歷艱險，甚至從容就死而無悶，誠由善必勝惡之信仰也。[50]

宗教既然具「鼓其勇敢而增其希望」之效，清末中國又正是一個需要希望的時刻，本來是一拍即合的文化輸入路徑。

49　泡爾生著，蔡元培譯：《倫理學原理》，頁 399—400。
50　同上書，頁 403。

然而，清末文化人又同時追求思想上的啟蒙，正是這種對文化的自覺性驅使他們重新思考宗教與信仰的必然性。以同代人陳獨秀為例，他曾以「信仰心」「宗教心」等語區分一般「宗教信仰」的組合，提出去除宗教而保留信仰的可能。五四運動後，陳獨秀短暫呼籲「新宗教」，後又靠近馬列主義，重新反宗教，其轉折圍繞宗教在改革社會上是否具備「現代精神的工具效用」。[51] 相比的話，同採反宗教立場，陳獨秀從來是站在效用的角度（不論社會結構上或心理情感上）來評估宗教之價值，蔡元培卻很大程度上是用哲學的觀點（情感、意志之發動）來區分宗教、信仰，從而提倡以美育代宗教。

1918 年，蔡元培為譚鳴謙（1886—1956）的長論文〈哲學對於科學宗教之關係論〉所寫下的識語，就比較清晰地劃分感情、宗教、信仰心和美學的關係。譚鳴謙當時在北京大學修讀哲學，加入了傅斯年（1896—1950）等人組織的《新潮》雜誌社，以成員的身份在《新潮》第一期刊登了一篇共八章的長論文〈哲學對於科學宗教之關係論〉。文中援引西方哲學諸說，立意指出人類有兩大系統，科學與宗教分屬於智力、感情兩系統，而哲學屬意志，可以整合調和前兩者之衝突。[52] 時任北大校長的蔡元培在其文末加上識語：

51　陳獨秀：〈再答俞頌華（孔教）〉，《陳獨秀著作選編》，第 1 卷，頁 343。郭亞珮：〈陳獨秀的「新宗教」──現代文明的「精神性」及其求索〉，載呂妙芬、康豹主編：《五四運動與中國宗教的調適與發展》（台北：中央研究院近代史研究所，2020 年），頁 43—71。

52　譚鳴謙：〈哲學對於科學宗教之關係論〉，《新潮》，第 1 卷第 1 期（1919 年 1 月），頁 45—70。此文於同年 4 月 26 日又連載於《北京大學日刊》文藝版。

　　右論甚有見地。惟以感情之表現為宗教，意志之表現為哲學，尚不甚確。表現感情者，實為美學，至哲學實為智力與意志所合而表見，宗教實為感情與意志所合而表見。故科學以漸發展，則哲學之範圍以漸縮小；美學以漸發展，則宗教之範圍以漸縮小。哲學之永不能為科學所佔領者，曰玄學；宗教之永不能為美學所佔領者，曰信仰心。以玄學之研究，為信仰之標準，則宗教者亦循思想界之進化，而積漸改良，絕不致與科學衝突。凡與科學衝突者，皆後於時勢之宗教耳。[53]

　　這段識語既可視為蔡元培稍前提出以美育代宗教說之註釋，亦透露了他對不同知識範疇經歷啟蒙後的未來想像。相對譚鳴謙的簡單分類，蔡元培描述了更複雜的知識系統。首先，知、情、志對應的知識範疇不是直接分割的，宗教、哲學乃至科學均涉意志，只有美學是純粹表現情感，跟《倫理學原理》的情志論看法相近。其次，他反對哲學是單憑智力（理性）來研究的看法，確立玄學（即形而上學）的位置，強調了意志對於理性的指導作用，認為即使未來科學發展以後，終不能佔領玄學的領地。換言之，玄學是非理性的，不是科學理性所能夠直接指導的，這也是西方非理性思考的核心想法。再次，宗教中涉意志之部分將不會被美學佔領，稱為「信仰心」。由於意志能通情、理兩系統，玄學的研究因而可成為信仰心的標準，最終兩系統將不會有矛盾和衝突。這點也跟泡

53　蔡元培：〈譚鳴謙《哲學對於科學宗教之關係論》識語〉，《新潮》，第 1 卷第 1 期（1919 年 1 月），頁 70。

爾生最不相同，蔡元培認為道德與宗教既無必然關係，那麼隨時代發展應該轉以美學的教育來達到道德目的，無須借力於宗教。引文最後談到進化改良後的宗教應不致與科學衝突，這點在下節再作探討。

四、面向科學

雖然泡爾生和蔡元培對是否要以宗教來協助完成至善有不同看法，但兩人都相信情感對完整人格以及社會文明的發展有其重要性。這都反映出他們以非理性思想回應科學理性至上的文化思潮。

在理性啟蒙的進程之下，情感、信仰、宗教往往受到壓抑，泡爾生針對社會過度強調智力與理性提出異議。他認為單有科學理性的人容易忽略情感，限制了生活的光彩，人生將變得枯燥無味：「智力及意志發達過度者，或亦障礙其高尚自由之感情」，[54] 又用一比喻說明科學不能取代感情：

> 有大算學家，聞人說詩而不懌，曰：是何所證明者，是由其日事證明之業，不涉自余興趣，積久而自算學以外，幾不知為何事矣。[⋯⋯] 無論何人，苟終生注全力於科學之研究，鮮不如是。又或熱中於實踐問題，則其餘不與此相關者，多淡漠置之。是其人雖不失為正人君子，而要不得為正則之發展，蓋彼於內界生活最重要之方面，所謂最優美最高尚最自由者，不能遂其發展

54　泡爾生著，蔡元培譯：《倫理學原理》，頁 409。

之度也。今之人類是者特多，蓋今日之長技，如分業分科，及以機械之理證明生活狀態，是皆助偏頗之發展。[55]

泡爾生身為著名的教育家，對大學教育體制有深切的體會，因此他敏銳地指出分業分科使人自囿於科學：「今日分科之習，最為減殺宗教感情之助力，而尤以科學之分科為甚」，又批評今之科學家往往「見脫略細故者，則詆為痴鈍，見窺研大道者，則目為空想」。[56] 他建議人們要學習科學，運用理性，但不應止步於此。他相信，科學並不是反宗教，反之應當回到宗教。

面對宗教與科學之爭，正如上文所分析，泡爾生是主張保留及改良宗教的。他認為，科學終不會代替宗教。他說：「彼等皆以為科學之認識能破壞宗教直覺之基本，而余則不以為然。」[57] 他相信，人類從宗教漸趨科學以後終歸要達到宗教與科學整合的階段，換言之宗教與科學之爭將循「正、反、合」的發展變化。他指出古代宗教所持的人格神 (personal god) 之說已不可復立，但科學的無神論亦非哲學之峯極，僅摧破神創論 (Creationism) 而未立積極之學說。對於「宇宙果為何物」「其構造如何」「本質如何之屬」，科學只達到現象之認識，不足以說明思想感情發生之由，亦未足解釋現象背後之統一之原則及精神之原理。他廣引斯賓諾莎、萊布尼茨、羅茲

55　同上註。

56　同上註。

57　同上書，頁 403。

(Hermann Lotze, 1817–1881) 等哲學家觀點，以說明人類歷史生活達於最高形式的時候，則接近於一種特定的運動原則，或曰自然律，或曰道德律，或曰神，終歸是惟一的，與古希臘哲學家赫拉克利特 (Heraclitus, 約 535BC—約 475BC) 謂神即邏各斯 (Logos) 即永恆之活火在原理上相通。[58] 從此可見，泡爾生的非理性立場非常清晰，他認為科學理性並不能窮理，必須從外界延伸至內界，透過直覺、想像或玄想，將科學與宗教綜合之，以探求宇宙真理。

由此，泡爾生歸結出科學理性之極限及其真正意義：

　　一切科學之研究，在近世雖有非常進步，而宇宙之大祕密，則非惟未能闡明，而轉滋疑竇，蓋於其本體之深奧，與夫形式之繁多，益見有不可思議者。[……] 由是觀之，科學之進步，非真能明瞭事物之理，乃轉使吾人對於宇宙之不可思議，益以驚歎而畏敬也。是故科學者，使精心研究之人，不流於傲慢，而自覺其眇眇之身，直微於塵芥，則不能不起抑損寅畏之情，奈端 [按：牛頓] 如是，康德亦如是。[59]

此「寅畏之情」正宗教之泉源。消極者因此情而生抑損，自視為蜉蝣，然積極者卻因而生依賴，悟宇宙具大生廣育之能力，宗教之感情隨之而起。文中一再引用歌德之言，試圖說明宗教之用：「吾人所以為不可思議之媒介者，曰宗教。而

58　同上書，頁 404—407。

59　同上書，頁 407。

宗教以所由表彰獎勵之美術及其必不可離之儀式為重要。蓋美術及儀式之職分，在舉神人關係之超乎感覺超乎概念者，而以感覺者可見者指示之也。」[60] 歌德此言點明瞭美術與儀式之於宗教的重要，而泡爾生認為此等「表彰感情之形式，今後雖有變化，而其本質則必無變化」。泡爾生總結此等感情為「吾人不可失之性質」，又曰「科學進步之效力，雖迭更現實之寫象，而常為宗教感情留其餘地。宗教者，必無滅亡之期，以其為人心最深最切之需要也。」[61] 泡爾生在此一方面展示了科學之極限，另一方面提出宗教於當世的需要。他所說的宗教以感情為中心，以美術、儀式為其表彰之形式，此形式是可變的。

泡氏所言實與蔡元培的美育方案多有對應，比如他們都站在反啟蒙思潮陣營下以非理性思想批判科學理性的過度膨脹，堅信單靠科學是有所不足的，必須有一拯救人心之物。兩人的差異主要在於對宗教的看法不一，其次是對科學的態度稍有不同。泡氏謂科學「常為宗教感情留其餘地」，蔡元培卻在科學不足以窮理之前提下，決定摒棄各宗教不同之教義與儀式，轉而倡導美育方案。這種足以充替宗教的方案是由狹義美術擴展提升而成的一種人生觀、世界觀教育，名之曰「美育」。之所以出現這樣的分歧，是因為蔡元培對科學沒有泡氏那麼樂觀，他認為不論中外地方科學至上的想法充斥人

60　同上書，頁 408。按：此句意即美術、儀式之職分在於展現超越感覺與概念的神人關係，以可感、可見的方式指示人們。

61　同上註。

心，使人崇尚物質，情感日益趨淡，釀成危機。他在 1930 年
的訪談説到：

> 我以為現在的世界，一天天往科學路上跑，盲目地
> 崇尚物質，似乎人活在世上的意義只為了吃麵包。以致
> 增進了貪慾的劣性，從競爭而變成搶奪，我們竟可以説
> 大戰的釀成，完全是物質的罪惡。現在外面談起第二次
> 世界大戰的議論很多，但是一大半只知裁兵與禁止製造
> 軍火，其實只仍不過是表面上的文章，根本辦法仍在於
> 人類的本身。要知科學與宗教是根本絕對相反的兩件東
> 西。科學崇尚的是物質，宗教崇尚的是情感。科學愈昌
> 明，宗教愈沒落；物質愈發達，情感愈衰頹。人類與人
> 類便一天天隔膜起來，而且互相殘殺。本是人類製造了
> 機器，而自己反而變了機器的奴隸，受了機器的指揮，
> 不惜仇視同類。[62]

　　蔡元培不排斥科學，但認為戰爭的禍因之一是唯科學的
人生觀，使得人類變得功利而忽略倫理價值。另外，這裏表
面上似乎認同宗教有助改正物質主義，但實際上從蔡元培為
譚鳴謙文章所寫的識語就可清楚看到，他認為美育才是尋回
遺失了的情感的最佳方法，不是宗教。

62　蔡元培：〈與《時代畫報》記者的談話〉，載中國蔡元培研究會編：《蔡元培全
　　集》，第 6 卷，頁 614。

五、結語

在本章總結以前，不妨以一則具體的美術事例來回顧與歸納泡爾生與蔡元培之分野。在《倫理學原理》中，泡爾生曾以拉斐爾（Raphael, 1483-1520）的宗教畫為例加以評論。他在文中批評宗教教條主義將思想與心象等同，使人們分不清概念與符號的區別，並曰：「拉飛爾（Raphael）所繪基督母子之像，僅為功德之符號，而非完全之概念否耶？夫基督母子之像，不足以為神之本質及功德之十全概念，將遂失其價值乎？」[63] 這段話旨在點明宗教教條主義的保守，認為隨着時代進步，人們將有能力超越從官能感覺的層面（即符號圖像）去理解和思考神的概念，而這種思想之進化並無損畫作（符號）本身的價值。此一小段文字，本不起眼，但比較蔡元培在1916年寫的文章〈賴斐爾〉內容，亦見當中之淵源。蔡元培在文中以歷史和美術的角度介紹拉斐爾其人其畫，後以評述拉斐爾最後之作《基督現身圖》（La Transfiguration）作結：

> 嗚呼！賴斐爾之歿，且五百年矣。吾人循玩此圖，其不死之精神，常若誘掖吾儕，相與脫卑暗而向高明。雖託像宗教，而絕無倚賴神祐之見參雜其間。教力既窮，則以美術代之。觀於賴斐爾之作，豈不信哉！[64]

此文雖為導賞，正文內容以介紹拉斐爾生平及畫作為

63　泡爾生著，蔡元培譯：《倫理學原理》，頁413。

64　蔡元培：〈賴斐爾〉，《蔡元培全集》，第2卷，頁444。此文為《歐洲美術小史》的一章，初發表於《東方雜誌》，第13卷，第8、9號。

主，但在全文收結之處，卻加入了蔡元培自己以美術史觀出
發的判斷。拉斐爾歿後五百年，教道中落，但畫作仍有其不
死之精神，在他看來，不惟教力，乃美術之力也！這種想法
正可接上泡爾生謂區分符號與概念之說，折射出兩人對未來
宗教的不同想像：泡氏觀宗教與美術分離之現象，以為宗教
在日後可往抽象概念、形而上之方向發展。蔡氏觀此現象，
卻以為宗教畫作之藝術性可獨立於宗教，舊日宗教之部分終
能以美術代之。

　　總體而論，蔡元培與泡爾生在保留或改良宗教的立場上
有所分歧。蔡元培反思泡氏書中道德與宗教之必然性的問題，
並在康德、席勒等的美學及美育思想中得到啟發，試圖通過
鑑賞（判斷力的實踐）來提升人類的道德水平，提出以美育
代宗教說。他認為美育可免去不同教派門戶之間的紛爭，又
使人重新發現生活的樂趣，減少社會的紛爭戰害，尤勝於宗
教。[65] 美育代宗教因此也可視為蔡氏對泡爾生的一種回應而非
單向接受。

　　本章以蔡元培翻譯泡爾生《倫理學原理》作為個案，分
析泡爾生對當時歐洲社會的非理性回應，繼而展現蔡元培如

---

[65] 歐陽哲生認為蔡元培的五四論述帶有超越黨派屬性與政治意識形態的性質。
他雖與國民黨有密切關係，又是國民黨員，但幾乎看不到他將五四運動與國民
黨乃至三民主義等政治意識形態捆綁在一起，自覺地區隔教育與政治。此說亦
可體現於蔡元培的美學、美育論述之上，在這種非政治化的邏輯下，美育比起
宗教更勝一籌的就在於超越宗教派系一點上。歐陽哲生：〈新文化的理性與困
窘 —— 蔡元培看五四運動〉，載周佳榮、黎志剛、區志堅編：《五四百周年：啟
蒙、記憶與開新》下冊（香港：中華書局，2019 年），頁 613—627。

何從中接受反啟蒙思想，在宗教啟蒙與美學啟蒙之間作出獨特的倡議，取美育而代宗教。泡爾生點明情感、意志關係密切，在康德思想與叔本華唯意志論的引領下，他提出倫理學不應是理性思考和效益計算下歸納出一堆道德教條的學科，而是關於本能的實現。因此，如何涵養意志與情感，使情志有所進化，才是倫理學要探討的要項。他反對偏重科學理性，認為科學不應反宗教而應該回到宗教，藉道德與宗教的方式來完成真正的啟蒙，對於美育未有着墨太多。

從蔡元培自 1898 年始習西學的學習背景來看，1906 年以前主要通過井上圓了的護國愛理、妖怪學等觀念來逐步建立現代知識論，到 1909 年藉助泡爾生的倫理學觀念作延續，其中有非理性的連貫性，卻在內涵上有不同偏重。前者出於對於現代科學權限的質疑，涉及的是真知／偽知的問題。後者則不止於此，進一步探討意志和情感的發動機制，宗教與道德實踐等問題。在此背景下，以美育代宗教說之獨特性在於，它是蔡氏在長達十年閱讀日、德思想資源過程中形成的思想產物，與井上之妖怪學，泡爾生之倫理學思想與情志論等直接相關，串連起來可呈現出他在吸收域外思潮時作出文化選擇和內在轉化的過程。

總　結

總　結

　　「情感」與「理性」這一組辯證概念，古今中外都有着豐富的哲學討論。在清末至民初這段多種思想和價值混沌不明的轉型時代裏，中國知識分子別求新聲於異邦，途中接觸到了不同域外文化來源、不同派別與立場的思想，使得他們在中國傳統「性情」的範式之外有了新的思考維度。在他們眼裏，情理問題並非脫離現實的哲學命題。他們藉助這一組概念來思考現代化帶來的危機，包括自我的認識、知識的能力和界限、社會結構的變動規律、未來社會的構設、人生觀的問題等，牽涉甚廣，滲透在各個知識範疇和日常生活中，是人文學的重要議題。清末民初中國知識分子如何在歐洲及日本的啟蒙與反啟蒙思潮中，選擇他們認為可信且合用於現代中國的思想呢？在此文化選擇的過程中，概念又如何受到過濾、推衍或轉化？本書以跨文化為角度，一方面觀察在文化交流中自我如何面對他者，另一方面關注啟蒙是如何在互動之中促成更高層次的理解。魯迅、陳獨秀、蔡元培三項個案分別展現出各異的思想歷程和立場，揭示中國知識分子在跨文化脈絡中對於情感與理性之辯證有過深邃的思考以及自身體認，從而形成五四思想主體的一部分。

　　本書的第一章探討了魯迅在歐亞啟蒙與反啟蒙思潮中的取態，指出魯迅對神話宗教、科學新知的省思在這場全球啟蒙之辯證歷程中有所貢獻。在魯迅留日時期的閱讀史裏，海

克爾是以進化論家的身份進入視野。魯迅譯出的〈人之歷史〉是一篇人類學史，講述生物學如何擺脫早期的各種神論而步向新方向進化論。但海克爾學說之本色不只如此，其一元論在當時對哲學、人文等範疇皆舉足輕重，卻未得魯迅引介。相反，在魯迅接下來發表的〈科學史教篇〉〈文化偏至論〉〈摩羅詩力說〉〈破惡聲論〉中，充滿了對歐洲理性啟蒙的質疑，對於科學理性至上有所批判。一方面，考慮到中國的特定時空，魯迅以為主智主義（或主知主義）佔據人心，社會文化偏倚科學，「古人所設具足調協之人，決不能得之今世」，情理互補不可行，於是「惟有意力軼眾，所當希求，能於情意一端，處現實之世，而有勇猛奮鬥之才，雖屢踣屢僵，終得現其理想」。[1] 另一方面，他以《文心雕龍》的「物色說」為理論基礎，鋪陳人與外緣、情感與主體等關係，闡發一套以人為中心的現代詩學與知識觀，指示人應該回到主觀的個人情感，「羣」的覺醒不在理性或科學，乃始於「心聲」的發揚。在科玄論戰爆發後，〈祝福〉延續了魯迅長期對理性的質疑，《苦悶的象徵》翻譯則透露他對科學與玄學的各自不滿，前者失之專斷，後者失之玄虛。廚川白村主張文藝建基在生命的共感之上，人藉以與宇宙交感，發現生命的意義，與魯迅所說的「神思」「心聲」意念有相通。綜而觀之，魯迅在這場跨文化的思辨中置身於非理性的立場，雖不入陣，卻在論戰之外一再點出理性啟蒙的危機，並提醒心聲之重要。

---

[1]　魯迅：〈文化偏至論〉，《魯迅全集》，第 8 卷，頁 55—56。

　　本書的第二、三章疏理了陳獨秀在情感與理性、宗教與科學之間的反覆轉折擺盪，提出這段思想歷程正好體現出理性之極致始終是難以與情感全然分割，唯物史觀背後的終極關懷不脫情感聯結。陳獨秀在翻譯海克爾學說時有意隱藏一元宗教的部分，將泛神傾向嘗試重塑成無神論，以呼應自己的以科學代宗教主張。這是 1917 年陳獨秀對科學理性與信仰宗教之關係作出的一次抉擇，可折射出在五四運動以前理性被建構的方式。及至五四運動發生，入獄經驗使陳獨秀自覺到情感也是改良社會與人生的重要動力，一度認同基督教情感，反宗教的力度也有所減弱，後來卻再次轉向。他在科玄論戰中高舉唯物史觀這個「可以攻破敵人大本營的武器」，認為止步於自然科學並不足夠，還要透過社會科學來建立科學威權以支配人生與社會。這段複雜的思想轉折歷程，一方面充滿着對理性的想像與建構，另一方面可揭示出思想轉變底下有着不變的情感內核。前者從陳獨秀譯介海克爾一元論中機械唯物與科學至上的思想，到後來接受的歷史唯物主義思想，提倡以唯物史觀解釋世界，可以得見。後者是通過對照孔德與陳獨秀的思想處境，發現孔德實證主義思想中的社會愛與陳獨秀思想的大我主義相似。這些以人類羣體利益為首要關注的情感，其實植根於中西不同文化，像儒家的仁、基督教的博愛等，互有共通性。由此觀察，陳獨秀在接觸不同跨文化思想的過程中，不論是海克爾一元論、孔特實證主義、基督教耶穌精神或馬克思主義，都是一場與自身對話的歷程。雖然情感內核因應不同思想系統而有所反應，或共振，或消弭，但相對不太變動的是對底層民眾和國族同胞的關愛，是

一種大我主義。陳獨秀接受馬克思主義思想，表面上是理性至上，施予科學絕對的威權，實際上，馬克思主義思想中對普羅大眾的關愛預先滿足了其情感需求。了解到這一點，我們便發現陳獨秀的思想歷程揭櫫了跨文化思想交流中更為複雜的一面。從孔德的社會愛、耶穌基督的精神到馬克思主義的唯物史觀，或許可以這樣說：一個情感的幽靈，在陳獨秀的思想中遊蕩。[2]

本書第四至六章閱讀蔡元培在五四以前的翻譯著作，探索以美育代宗教說出現以前，蔡元培是如何在西學之中建立現代知識觀念。蔡元培起初在井上圓了的學說裏接觸到與宗教（佛教）相關的啟蒙與救國方案，但「佛教護國」「愛國護理」等說法未足使之完全信服，他最終沒有在佛教啟蒙的方向持續下去。相比佛教思想，蔡元培從井上學說中獲益至深的是了解到非理性的知識觀念：井上的「智力情感雙全」宗教學思辨提供了一種情感與理性的方式來反思宗教，而「拂假怪」「開真怪」的知識論則建立判辨真知與迷信的辯證思維，兩方面均引領蔡元培走進歐洲反啟蒙思潮的視域。他同期翻譯的科培爾《哲學要領》，同樣是非理性思潮產物，書中持哲學與宗教並行的知識論立場，提倡在哲學與宗教的「狂」「幻」「異端」之說中反覆辯證，從而回到神祕狀態，把握宇宙人生的真義。赴德以後，蔡元培直接學習心理學、哲學、美學，在泡爾生

2　這裏轉用《共產黨宣言》開首的名言：「一個幽靈，共產主義的幽靈，在歐洲遊蕩。」馬克思、恩格斯著：《共產黨宣言》（北京：中央編譯出版社，2005 年），頁 25。

的情志論影響下思考在教育學、倫理學的角度如何達到啟蒙，對其美育思想之形成有一定影響。直至 1915 年，蔡元培撰寫《哲學大綱》作出了截然不同的選擇，主張利用美育來取代宗教對人類情感的作用，是經過思慮對西方思潮的獨特回應。從他二十年代初的日記、通信，可看見其對世界不同非理性思潮的延續關注，如跨越歐亞兩地的人生哲學（倭伊鏗與柏格森）、日本哲人討論的新神祕主義、象徵之哲學、西田幾多郎為首的宗教哲學，皆有所涉獵了解。與五四對話，自然也應該包括重現這些知識脈絡。

綜言之，上述三者分別展示出清末民初中國的情感與理性問題下的多種角度與位置，有助重新理解此一時段裏思想傳播的跨文化脈絡。在比較宏觀的層面看，魯迅與蔡元培同樣站在非理性的立場來看待這場情感與理性的辯證，魯迅比較強調情感、意志與文藝之關聯，蔡元培則注重於情感之教化，即美育、德育對人的涵養。陳獨秀立場相對反覆，但整體而言是看重於以科學理性來完成啟蒙，過程中嘗試克服情感與宗教的問題。作為一種「思想操練」，本書選擇了討論這些思想交流的發生過程多於歷史結果，追逐在辯證過程中浮現五四精神與遺產。[3] 面對三位五四宗師人物，筆者儘量在汗牛充棟的研究之外尋找破口，可能是他們早期別求新聲的學習經歷，或者是在典型形象之下較少被提起的面向，總之，找方法走近他們所曾置身的跨文化網絡之中，通過研究重現

3　「思想操練」一語，參陳平原：〈從「觸摸歷史」到「思想操練」〉，《中國文哲研究通訊》，第 29 卷第 1 期，頁 7—11。

脈絡，從而進行思辨。黑格爾（Georg Hegel, 1770-1831）在《邏輯學》（*Wissenschaft der Logik*）中將邏輯思維分為三種形式：抽象的或知性的；辯證的或反面理性的；思辨的或正面理性的。反面理性先質疑知性所固守的規定，而正面理性將其原意放在更高、更全面的角度重新把握，三者層層深入，但沒有任何一個更為重要，每一個都是整體之一部分。第三層的思辨或正面理性的在某種意義下比其他兩層更為全面，只因為它已把前面兩層包含其中，更重要的是，這種辯證思維並不停留在第三層面，而是不斷地繼續以此模式去超越每一個層次的片面性，是一種不斷自我批判、自我反省的思維過程，這個過程才是真正的無限（das wahrhafte Unendliche）的理性。[4] 三種形式未必能直接套入，其精神卻可以在本書討論的個案中體現。非理性思考或反啟蒙站在科學理性的另一面，質疑理性啟蒙，提出理性之外尚缺一塊來解答人生問題，然而，本書不是要指出它們「勝過」理性啟蒙，或者「更」能代表五四思想。如黑格爾所說，每一層都是整體之一，組合起來，方具意義。再者，非理性思想陣營之下的諸多不同路徑，無法亦無須歸之為一。情感與理性的辯證歷程本身展現出的多元主體性，可以帶我們重新思考啟蒙的更多可能，朝向一種複數的、小寫的啟蒙。

4　劉創馥：〈黑格爾思辨哲學與分析哲學之發展〉，《國立政治大學哲學學報》，第15期（2006年1月），頁81—134。

後　記

　　五四一代的思想豐富多樣，即使在百年以後的今天，社會不同領域和層面都有所進步，但想要「超越」五四，似乎不是那麼容易。這讓我一再思索：這些思想巨人，到底是怎樣煉成的？本書的寫作意念起始於 2018 年，後來發展成博士學位論文，部分章節和論題曾發表於研討會及學術期刊，包括《漢學研究》(第一章)、《東亞觀念史集刊》(第二章、第六章)、《台大文史哲學報》(第四章)，感謝每位匿名審查人給予的專業而寶貴的意見。這些章節在幾年間各有生長，如今重新召集歸隊，花了不少力氣重新理順，並修正各種疏漏筆誤，在觀點與表述上已跟博論有一定差異。在材料方面，本書較多涉及日、德語資料，筆者受限於識見和語言，目前是勉力而為，深知要通徹理解當時知識分子對世界思想文化的認識，還需要長期經過跨學科、跨語言、跨文化的浸淫和堅持。

　　文稿沾濕過汗水，做學術的人都是如此，不用多提，但紙背的人事因緣，非常值得一記，容我藉此對各位恩人、貴人表達謝意。首先，我必須感謝指導老師何杏楓教授多年來的鼓勵與督導。從待人接物到人生志向，由論文寫法到學術胸襟，何老師都悉心分享與指導，讓我建立起成為學者所需的專業能力和處事態度。其次，要感謝中央研究院中國文哲研究所的彭小妍教授。彭老師初於 2018 年春季到中大客座半年，在研究院開辦「情感與理性：五四的啟蒙及反啟蒙論

述」課程，打開了我的視野，讓我有信心挑戰一道在中文系來說比較非典型的題目。後來 2019 年到文哲所訪學，蒙彭老師和王道環教授的照顧，餐桌上的討論時常遊走在科學、哲學、文學、翻譯之間，使我懂得世界之廣博，明白知識之無限。

修讀博士期間，有賴母校香港中文大學和中研院的支持，包括香港中文大學中國文化研究所、香港中文大學圖書館、中央研究院中國文哲研究所先後頒發獎學金，讓我專心於研究工作，並有餘力往返各地參加研討會和搜集資料。回顧十年寒窗，在中大中文系度過了一段愉快的學習歷程，為我奠定了踏實的研究基礎。相對來說，我的研究是偏重實證考源的方向，這應該是受益於學系風氣。其中，我要特別感謝陳平原教授、嚴志雄教授、樊善標教授、黃念欣教授和鄺可怡教授，他們分別在我不同的學習階段留下了深刻的影響。另要感謝擔任口試校外委員的陳相因教授，在答辯會上給予了許多中肯和客觀的意見，也感謝長期不吝分享研究資料的崔文東師兄，還有經常義務解答日文問題的葉芷珊師妹。寫作過程中施予過各種幫助的師長、同學、朋友眾多，實在無法盡列，但不論大小的協助和支持，我都記在心中，衷心感激。在本書的校訂整理方面，感謝商務印書館編輯仔細認真的校閱，也感謝我的研究助理林可盈小姐、學生助理胡嘉瑩同學。

最後，我要感謝妻子和家人給予我無比的包容和支持，陪我走過各種研究難關與人生低谷。謹將此書獻給遠在天國

的母親、外公和外婆。他們昔日教我讀書識字，撫我成人。如今事業初有小成，他們卻先後離開，劬勞之恩，無以為報。這部小書，願他們在天上看見，會稍感安慰。

丘庭傑

2023 年 5 月